湖北省教学研究项目2002114和湖北省高校社科研究项目2001D104成果
中国地质大学教材出版基金和国家地质学理科基地基金联合资助

面向21世纪课程教材《岩石学》配套教材

岩石学实验指导书

桑隆康　廖群安　邬金华　编

中国地质大学出版社

图书在版编目(CIP)数据

岩石学实验指导书/桑隆康，廖群安，邬金华编. 一武汉：中国地质大学出版社，
(2016.2 重印)
ISBN 978-7-5625-1846-4

Ⅰ.岩…
Ⅱ.①桑…②廖…③邬…
Ⅲ.岩石学-实验-高等学校-教学参考资料
Ⅳ.P58－33

中国版本图书馆 CIP 数据核字(2009)第 024882 号

岩石学实验指导书　　桑隆康　廖群安　邬金华　编

责任编辑：方　莉　　责任校对：胡义珍

出版发行：中国地质大学出版社(武汉市洪山区鲁磨路 388 号)　　邮编：430074
电话：(027)67883511　　传真：67883580　　E-mail：cbb @ cug. edu. cn
经　销：全国新华书店　　http://www. cugp. cn

开本：787 毫米×960 毫米 1/16　　字数：150 千字　印张：7. 375
版次：2005 年 2 月第 1 版　　印次：2016 年 2 月第 5 次印刷
印刷：武汉教文印刷厂　　印数：12001—14000

ISBN 978-7-5625-1846-4　　定价：12. 00 元

前　言

岩石学（Petrology）是地质科学中很重要的基础课程，也是一门实践性很强的学科。然而，应该承认，由于传统的封建科举制度重理论轻实践的观念和20世纪50年代以来计划经济模式的束缚，使得我们的岩石学教育与国外相比存在明显差距，不仅课程体系落后、教学内容陈旧，而且不同程度地存在理论脱离实际的情况，使得我们培养的学生动手能力、解决问题的能力差，缺乏创新精神。为了改变这种落后面貌，深化课程改革，在中国地质大学、湖北省教育厅和教育部的大力支持下，岩矿教研室遵照1999年《中共中央国务院关于深化教育改革全面推进素质教育的决定》关于“高等教育要重视培养大学生的创新能力、实践能力和创业精神，普遍提高大学生的人文素养和科学素质”，要“抓紧建立更新教学内容的机制，加强课程的综合性和实践性，重视实验课教学，培养学生实际操作能力”的精神，于2000年完成面向21世纪课程教材《岩石学》的编写工作（地质出版社，2002），切实破除了旧的《岩浆岩石学》、《沉积岩石学》和《变质岩石学》三大块的课程体系代之以一门《岩石学》课程的新体系；于2001年完成《岩石学课程野外实践教学指导书》编写工作，提出“课堂教学、实验室教学和野外教学三结合，将民族传统教育融入在野外教学中”的岩石学课程教学新模式。此次完成的《岩石学实验指导书》的编写工作，标志着一个由《岩石学》、《岩石学实验指导书》和《岩石学野外实践教学指导书》构成的新的岩石学文字教材体系的建立，我们感到无比高兴。由于这个新的教材体系与野外调查、室内研究和理论概括的岩石学工作程序相应，比较符合认识论，我们相信，新的岩石学教材体系必将使得岩石学课程教学上升到一个新台阶。

《岩石学实验指导书》是湖北省（也是中国地质大学重点）教学研究项目“地质学国家理科基地岩石学实验课教学内容和方法研究”（编号2002114，2002—2003）和湖北省高校社会科学研究项目

“大学理科专业基础课教学中提高学生综合素质问题研究”（编号2001D104，2001—2004）的研究成果，也是创建国家理科基地《岩石学》名牌课程的主要工作之一。指导书的编写宗旨是加强实践、提高能力，改变实验课教学观念、优化实验课教学内容，完善岩石学课程体系、教学内容和教学模式。本着这一宗旨，编者力求指导书具有下列特色：

1. 加强火成岩、沉积岩和变质岩三大岩类的有机联系。不仅形式上以一本《岩石学实验指导书》代替1989—1990年间我校出版的《岩浆岩石学实验指导书》、《沉积岩石学实习指导书》和《变质岩石学实习指导书》三本实验指导书，而且在研究三大岩类岩相学共性及差异、分析原三本指导书内容的基础上，专门用一章统一论述岩石观察描述方法和步骤，改变了三大岩类各讲一套的状况，有效地将三大岩类实验内容融为一体。

2. 将实验课与课堂教学和野外实践教学更好地相结合。一方面，将面向21世纪课程教材《岩石学》中部分讲课内容放在实验课中结合实验材料讲，以提高课堂教学效率；另一方面，从野外实践教学基地中补充部分实验材料，包括：大冶铁山的石英闪长岩，北戴河的斑状正长岩、正长斑岩、辉绿岩，红安高桥的榴辉岩、绿帘角闪岩、白云母－石英片岩等。教学实践表明，学生在实验课上对已去过的地方或即将去的地方采集的标本薄片的学习兴趣更高。

3. 体现变“以考核为主”为“以教本领为主”的实验课教学方法改革，以加强实践、提高能力。岩石实验课，是重要的理论联系实际的教学环节。为引起学生对平时实验课的重视，指导书中废除了未知鉴定。对每次实验除说明实验目的、内容、要求外，还专门设有提示和思考题部分，以提示研究岩石的思路，反映教师的经验，帮助学生提高理论联系实际、独立思考、提出问题、分析问题和解决问题的能力和自学的兴趣。

4. 增强适用性。在实验选材、实验课安排方面比目前教学计划有适当的拓宽，一方面给任课教师有选择的余地；另一方面使指导书适用性增强，可供高年级岩石薄片分析课程使用，也可供岩矿鉴定工作者参考。

5. 图文并茂。与本校以往出版的岩石学类实验指导书相比，图件做了较精心的选择和全面更新，力求达到图文并茂和能更形象地理解的目的。描述实例都有相应的素描图，具有更好的示范作用。

本教材的分工是：第一章、第四章及附录由桑隆康执笔，第二章由廖群安执笔，第三章由邬金华执笔，全书由桑隆康最后统稿。作者在工作过程中得到欧阳建平教授、杨坤光教授等中国地质大学校、院领导的大力支持和英国岩石学家 R. Mason 的多方帮助，书稿完成后，岩矿教研室全体教员对教材内容进行了认真讨论，路凤香教授和陈能松教授进行了审阅，本书校内版出版后，杨坤光、朱勤文、沈上越、马振东、陈能松等教授对成果做了评审，作者们根据上述意见做了认真的修改。在此一并表示感谢！

桑隆康

2004 年 8 月

目　录

第一章

岩石观察描述内容和步骤

用肉眼（包括放大镜）和偏光显微镜观察鉴定岩石是岩石学工作的基本内容，也是地质学家和工程师的基本功。其目的是全面描述肉眼对手标本和在偏光显微镜下观察薄片的颜色、构造、结构、矿物成分等岩石基本特征，依据这些基本特征定名，提供有关成因信息，写出鉴定报告，为进一步的矿物岩石矿床学、地球化学、构造学研究提供基础资料。

鉴定岩石的一般工作程序是：先了解产状（实验标本的产状均已知），再对手标本进行鉴定、初步定名。然后，进一步在偏光显微镜下对薄片进行详细鉴定。最后，综合野外产状、手标本定名及镜下的岩性特征，参照有关命名原则确定岩石名称。

一份岩石鉴定报告通常由手标本描述和镜下描述两部分组成，不管是手标本描述，还是镜下描述，都包括岩石总体特征、组成岩石各矿物的基本特征、次生变化等其他特征三个方面。不过，由于观察对象、尺度不同，要求有所不同。

一、岩石手标本描述

手标本描述内容依次为：岩石总体特征、组成岩石各矿物的基本特征、次生变化等其他特征及定名。常见造岩矿物手标本鉴定特征见附录1。

（一）岩石总体特征

包括颜色、构造、结构和矿物组成上的总特点（矿物种类、含量）。

1. 颜色

颜色是岩石最醒目的特征。颜色描述包括颜色种类和深浅，如暗红色、浅黄绿色等。新鲜岩石的颜色是岩石组成矿物颜色的综合反映。如绿泥石是绿色的，主要由绿泥石组成的绿泥石片岩也为绿色。但是，要把颜色与色率区分开来。“色率”是暗色矿物（铁镁矿物）在岩石中所占的体积百分比，而颜色除与矿物组成有关外，还与结构（粒度）有关，相同矿物组成的岩石，粒度越细颜色越深。如辉绿岩比辉长岩颜色深，而玄武岩的颜色更深（通常是黑色）。此外，风化作用会改变岩石颜色。若岩石遭受了风化，应指出风化后的颜色。

2. 构造

岩石构造指岩石在矿物空间分布方面的特征，分布是否均匀、是否定向等。例如：在无定向构造中，若岩石中矿物分布均匀，则称为块状构造，若分布不均匀，则称为斑杂状构造等；定向构造包括各类面理（层理、板劈理、片理、片麻理、流动面理等）、线理，二者通常在岩石中同时出现，此时线理产在面理上（图1-1）。因此，野外通常在面理上测量线理产状。

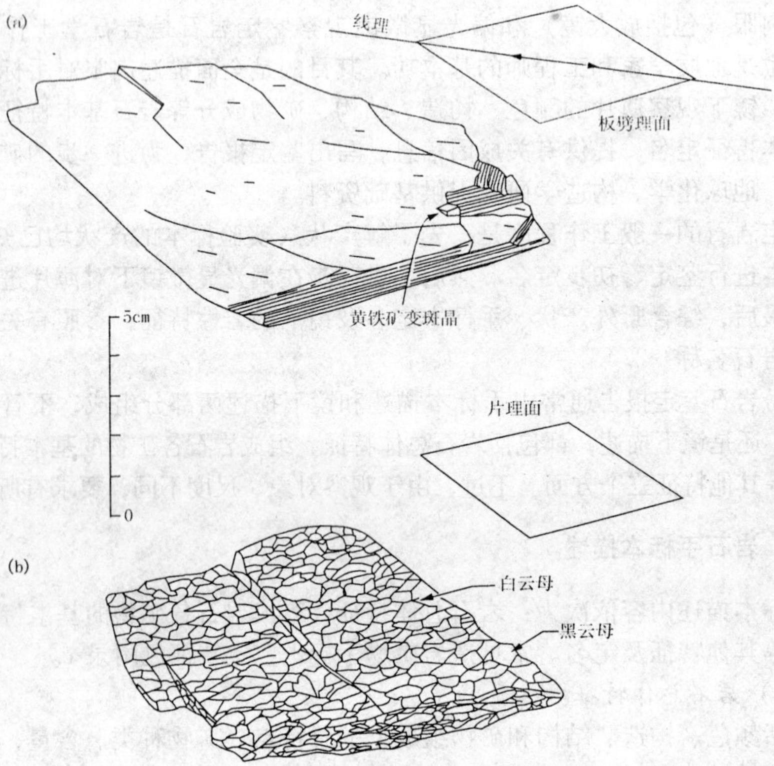

图1-1　板岩（a）和片岩（b）素描图

板岩平整的劈理定向，片岩中可辨别出白云母和黑云母单晶。板岩（a）和片岩（b）分别取自苏格兰 Argyll 和 Sutherland（R. Mason，1990）

构造是较宏观的岩石构成特征，要求观察尺度比较大，最好在露头上观察。室内构造主要在手标本上观察。因此，手标本对构造的描述要细致，尽量定量。如对条带状构造，要描述条带的颜色、疏密、宽窄及粒度、成分等特征；对喷出岩的气孔构造，要描述气孔的数量、大小、形状、分布排列和内壁的光滑程度。对杏仁构造，要描述杏仁体是呈放射状充填的，还是呈同心状充填的，或是自气孔壁的一侧呈单方向逐渐向内充填的。如果气孔还未被填满，那么前者留下的空洞必位于原气孔的中部，而后者留下的空洞则偏于气孔的一端，这时，已充填和未充填的部分分别指向岩层的底面和顶面，它对于判断火山岩的层序关系是很有用的。描述时，还要注明杏仁体的矿物成分（通常是方解石、石英、玉髓、绿泥石、沸石等）。当气孔（或杏仁）被拉长呈平行的细条，显出流动的特点时，则不再称杏仁或气孔构造，而称为流纹构造。描述流纹构造时，要注意不同颜色组成的流纹的粗细、疏密等特征。对拉长的气孔形成的流纹，要描述这些拉长气孔的形态和长、宽比例，以及在垂直和平行流纹的方向上相邻二气孔之间的距离等特征。

3. 结构

结构是指组成岩石的矿物的形状、大小及相互关系。与构造相比，结构是较微观的岩石构成特征，要求观察尺度比较小（颗粒尺度），最好在偏光显微镜下观察。肉眼观察岩石结构主要看颗粒形状、大小。

（1）大小：包括粒度及其分布。

肉眼可见颗粒的粒度（粒径 d）可用粒度对比图（附录 2）估计，颗粒粗大者则直接用尺测量。肉眼不能分辨颗粒者，则视岩石的颜色、光泽和断口等特征判断属隐晶质或非晶质（玻璃质、凝胶质、粉砂质、泥质）。隐晶质结构的特征为粗糙似瓷状断口和较黯淡的光泽；玻璃质结构的特点是具贝壳状断口和玻璃光泽；凝胶质结构特点是断口贝壳状或尖棱状，光泽黯淡；泥质结构特点是断口细腻，土状光泽，无粗糙感，小刀可切出平滑切面；粉砂质结构断口较粗糙，呈瓷状，用小刀刻划有明显的砂感，发出沙沙声。

观察描述粒度时应注意，不同成因类型岩石粒度划分不同：岩浆岩中以 2mm、5mm 为界分细、中、粗粒，变质岩中以 1mm、2mm 为界分细、中、粗粒，而碎屑岩中以 0.05mm、2mm 为界分粉砂、砂、砾等。

在粒度分布方面，对结晶岩而言，如果岩石中所有颗粒粒度近相等，则称为等粒结构（homogranular texture）（图 1－2（a））。若颗粒粒度显著不同，且无占优势的粒度，则称为不等粒结构（heterogranular texture）（图 1－2（b））。若颗粒粒度呈双模式分布，大颗粒（岩浆岩中称为斑晶 phenocryst 或 porphyrotope，而变质岩中称为变斑晶 porphyroblast）为细小颗粒（基质 matrix）包围，则称为斑状结构 porphyritic texture（岩浆岩中）或斑状变晶结构 porphyroblastic texture

（变质岩中）（图 1－2（c））。斑晶或变斑晶与基质通常由不同矿物组成。对斑状结构或斑状变晶结构者，需描述基质的结构。对碎屑岩而言，粒度分布相当于分选性：如果岩石中所有颗粒粒度近相等，则称为分选好（图 1－3（a））。若颗粒粒度显著不同，且无占优势的粒度，则称为分选中等（图 1－3（b））。若颗粒粒度呈双模式分布，则称为分选差或分选极差（图 1－3（c）、（d））。

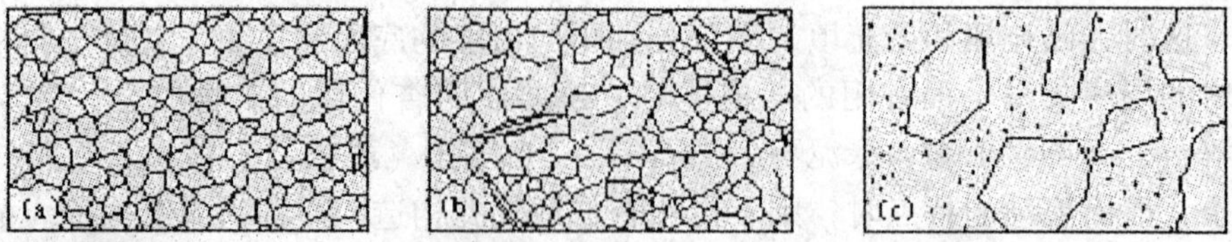

图 1－2　等粒结构（a）、不等粒结构（b）及斑状结构或斑状变晶结构（c）

（a）、（b）变质橄榄岩（据 Raymond，1995）；（c）示意图

（2）形状：结晶岩的颗粒形状包括矿物的自形程度和结晶习性。矿物按自形程度分为自形（矿物的晶面完整，图 1－4（a）、（d））、半自形（部分晶面完整、部分不规则外形，图 1－4（b）、（e））和他形（无完整晶面、外形不规则，图 1－4（c）、（f））。矿物按结晶习性分等轴粒状、板状、鳞片状、柱状、针状、纤维状等。对火成岩而言，自形程度较重要；而对变质岩而言，结晶习性较重要。

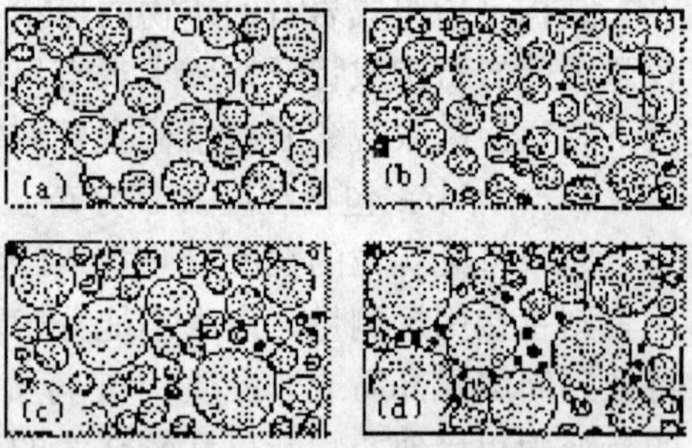

图 1－3　分选性目估图

（引自邬金华，1991）

（a）分选好；（b）分选中等；（c）分选差；（d）分选很差

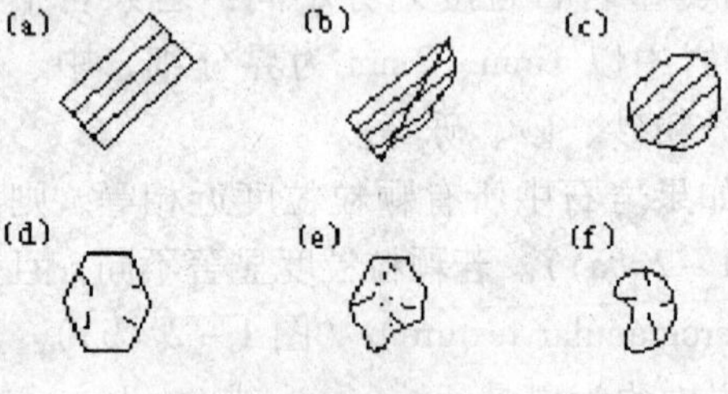

图 1－4　矿物自形程度示意图

（a）、（d）自形；（b）、（e）半自形；（c）、（f）他形；（a）—（c）斜长石；（d）—（f）石榴石

碎屑岩的颗粒形状包括碎屑的磨圆度和形状。碎屑按磨圆度分为棱角状（以凹面边缘为主，偶见直线边缘，图 1－5（a））、次棱角状（以直线边缘为主，可见凹面边缘，偶见凸边缘，图 1－5（b））、次圆状（以直线边缘为主，可见凸边缘，偶见凹面边缘，图 1－5（c））和圆状（以凸边缘为主，偶见直线边缘，图 1－5（d））。

碎屑的磨圆度可与矿物的自形程度相对比：棱角状与自形、次棱角状和次圆状与半自形、圆状与他形分别类似；碎屑形状按长、中、短轴（分别以 A、B、C 表示）比值 B/A 和 C/B 分为扁平状（$B/A>2/3$，$C/B<2/3$）、球状（$B/A>2/3$，$C/B>2/3$）、片状（$B/A<2/3$，$C/B<2/3$）、棒状（$B/A<2/3$，$C/B>2/3$），显然可与矿物的结晶习性相对比。

4. 矿物组成上的总特点

按百分含量，组成岩石的矿物可分为主要矿物（>10%）、次要矿物（1%～10%）和微量矿物或副矿物（<1%）。描述岩石在矿物组成上的总特点的方法通常是依次指出主要矿物、次要矿物和副矿物的矿物种类，各矿物的百分含量（按含量自多至少为序）；对斑状结构或斑状变晶结构的岩石，先斑晶或变斑晶，后基质；对碎屑（陆源、内源或构造碎屑），则先碎屑，后填隙物质（基质和胶结物）。

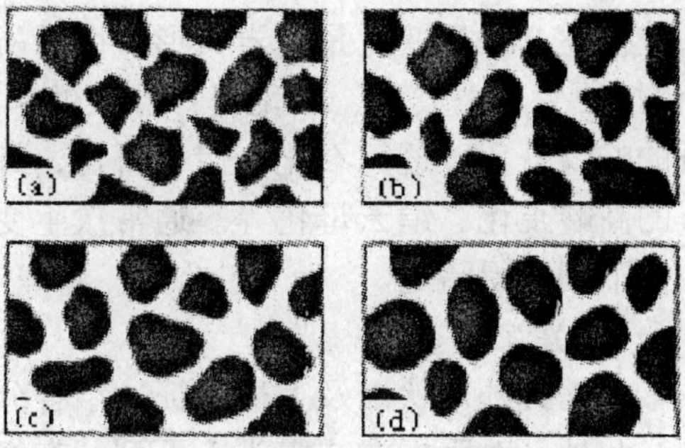

图 1－5　磨圆度目估图

（引自邬金华，1991）

（a）棱角状；（b）次棱角状；（c）次圆状；（d）圆状

肉眼估计矿物百分含量难度较大，有经验的地质人员估计的矿物百分含量，误差不超过5%。初学者要通过不断实践才能掌握。估计时，要选择有代表性的部位，先估计整个岩石中浅色矿物与暗色矿物的比例，然后再细分暗色矿物各种属和浅色矿物各种属的相对含量。特别需要提醒注意的是，初学者对颗粒细的岩石，往往将暗色矿物估计过高，在估计时，要有意识地加以克服。

更好的是采用对比法，将岩石手标本与矿物百分含量对比图（附录3）相比较，目估含量。练习多了，熟能生巧。对颗粒粗大的矿物可采用测量统计方法，在露头上选一个代表性的面，统计几条线上该矿物所占长度与总长度的百分比，作为矿物百分含量。

（二）组成岩石各矿物的基本特征

通常按含量自多至少为序，逐一描述每种矿物的颜色、形状、大小和其他鉴定特征。对斑状结构或斑状变晶结构的岩石，先描述斑晶或变斑晶，后描述基质；对碎屑（陆源、内源或构造碎屑），先描述碎屑，后描述填隙物质（基质和胶结物）。观察描述时应注意，对显晶质矿物一般应在放大镜下，运用已学过的矿物学知识，根据矿物的颜色、晶形、双晶、光泽、断口和硬度等特征，鉴定矿物类型。鉴定特征观察到什么就描述什么，不要照抄书上的描述。对隐晶质和非晶质，由于矿物成分肉眼不能分辨，所以主要描述颜色、光泽和断口等特征。附录1中最常见的橄榄石、辉石、角闪石、黑云母、斜长石、钾长石和石英等几种矿物，可广泛出现在三大岩类之中，要牢记它们的鉴定特征，以提高手标本鉴定基本功。

（三）其他特征

其他特征包括次生变化、破碎情况、细脉穿插、岩石包体、矿化等，如见到应描述。次生变化是指岩石形成以后所遭受的各种化学和物理的改造或破坏（包括蚀变、去玻化、风化等）导致的矿物成分改变而形成次生矿物。如橄榄石的蛇纹石化、透闪石化、伊丁石化，辉石、角闪石、黑云母的绿泥石化，长石的高岭土化、绢云母化等。通常次生变化在手标本上不易观察，而在偏光显微镜下则看得清楚。

（四）定名

根据野外产状以及上述特征，结合分类命名原则给岩石以初步名称。

此外，对手标本或露头上见到的有意义的现象，应作素描图以形象直观地表示。素描图通常要有比例尺（以直线比例尺为好）及简要说明，有时还要有方位、图例。

二、岩石薄片描述

薄片描述与手标本描述类似，描述内容依次为：岩石总体特征、组成岩石各矿物的基本特征、成因分析、定名及素描图。描述时请参见岩石鉴定报告实例（附录4）。

（一）岩石总体特征

岩石总体特征包括构造、岩石总体结构和矿物组成上的总特点（矿物种类、含量）。

1. 构造

构造主要在手标本上观察。镜下对构造的描述，要求依据手标本对构造的描述和镜下看到的岩石在矿物空间分布方面的特征，确定岩石的构造类型。

2. 岩石总体结构

与构造主要在手标本上观察相反，结构是镜下观察的重点。这一部分岩石总体结构指组成岩石的矿物的形状、大小方面的特点，即与手标本结构观察内容一致，包括粒度、粒度分布、矿物的自形程度和结晶习性以及碎屑的磨圆度和形状等特点。同样对斑状结构或斑状变晶结构者，需描述基质的结构。至于矿物之间相互关系（包裹关系、反应关系、交生关系等）方面的结构特点，则放在组成岩石各矿物的基本特征之中描述。

3. 矿物组成上的总特点

与手标本描述一样，通常是依次指出主要矿物、次要矿物和副矿物的矿物种类，各矿物的百分含量（按含量自多至少为序）；对斑状结构或斑状变晶结构的岩石，先斑晶或变斑晶，后基质；对碎屑（陆源、内源或构造碎屑），则先碎屑，后填隙物质（基质和胶结物），镜下要求严格区分基质和胶结物。

镜下估计矿物百分含量难度较大，对于教学和一般性生产要求，可采用比较法目估矿物百分含量，即选择有代表性的视域（通常在低倍物镜下）与如图 1－6 左侧所示的矿物百分含量图进行对比，多找几个视域，取其平均值定

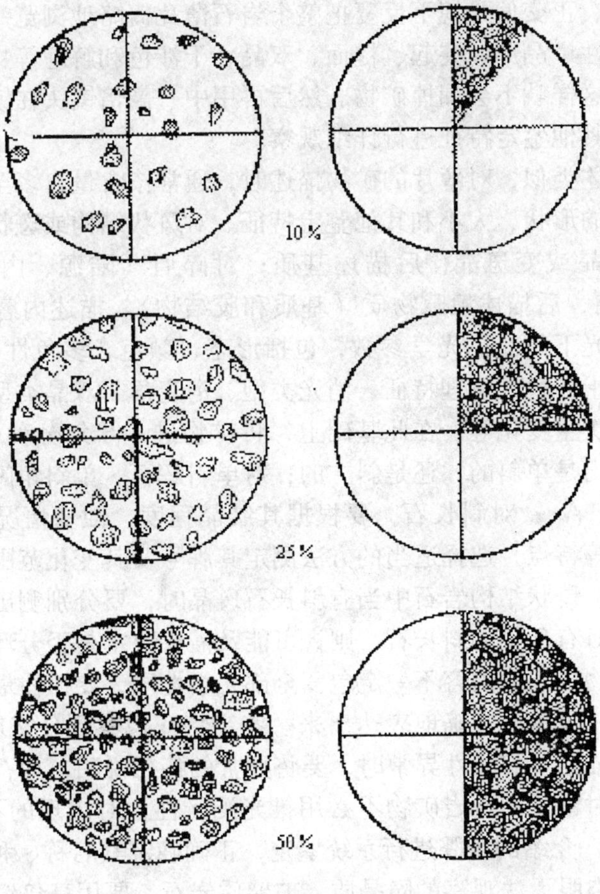

图 1－6　矿物含量目估图

（В. Е. Чернов，1980）

出矿物百分含量。附录 3 提供了矿物不同含量的估计图供选择对比。一定要坚持下去，练习多了，熟能生巧。

还有一种估计办法是：如图 1－6 右侧所示的那样，将要估计的矿物集中移至视域的 1、2 象限，以每个象限 25% 为准目估含量。这种方法对颗粒粗大的矿物特别有效。

当对矿物百分含量精度要求较高时，需采用仪器测量统计方法。可以根据现有实验设备和精度要求选择机械台、六轴计积台、电动计积台及图像分析仪等仪器测定，其使用方法参见有关《晶体光学》教科书。

（二）组成岩石各矿物的基本特征

岩石薄片中可见有多种矿物，初学者往往不知从何处下手。建议首先用低倍物镜在单偏光、正交偏光镜下反复把整个岩石薄片概略地浏览一下，根据矿物的颜色、多色性、晶形、突起、糙面、双晶、干涉色和解理等特点，分出镜下有几种矿物，这样就不会漏掉矿物。然后再用中一高倍镜头在镜下对每种矿物形状、大小和其他鉴定特征进行详细观察。

与手标本描述类似，对薄片的矿物描述时，通常按含量自多至少为序，逐一描述每种矿物的形状、大小和其他鉴定特征。对斑状结构或斑状变晶结构的岩石，先描述斑晶或变斑晶，后描述基质；对碎屑（陆源、内源或构造碎屑），先描述碎屑，后描述填隙物质（基质和胶结物）。描述内容主要是矿物单偏光、正交偏光下的晶体光学参数，包括形态、颜色、多色性、突起等级、颗粒大小、最高干涉色、解理特征、消光类型、消光角、双晶类型、与其他矿物之间的关系、次生变化等。在此基础上，将矿物进一步划分种属。对辉石、角闪石，要确定出是单斜的，还是斜方的；对单斜辉石、单斜角闪石，要求测定最大消光角 $Ng' \wedge c$；对斜长石，要根据其结晶程度、蚀变情况、双晶发育类型及切面方位等特点，选择适当的方法测定其牌号及其变化范围，以便准确定出斜长石亚种。斑状结构岩石中当有斜长石斑晶时，要分别测出斑晶和基质斜长石的牌号，对有环带的斜长石，则视可能及需要决定是否分环带测牌号。

当然，单矿物描述的内容不一定包罗全部光学性质，要抓住最能反映矿物鉴定特征的特性，简单而准确地表达出来。鉴定特征观察到什么就描述什么，不要照抄书上的描述。有光性异常时，要将异常的特征说明，如石英出现火焰状的波状消光。对常见的造岩矿物不必用锥光测光性；对出现的不常见矿物，要按《晶体光学》介绍的步骤进行系统鉴定，正确确定其名称、种属。

对手标本上肉眼无法观察的隐晶质、玻璃质岩石，要用高倍镜头在镜下仔细观察。对玻璃质岩石，要根据突起的正、负大致确定其酸性程度（火山玻璃中 SiO_2 含量与其折射率成反比。一般基性火山玻璃为无突起到低正突起，而酸性火山玻璃为低负突起）。对中酸性岩石霏细结构的部位或其他岩石由长石石英微粒构成的部位，由于颗粒太细，镜下无法进一步区分长石石英，只能根据其低的突起、一级灰白干涉色笼统定为长英质。

鉴定和描述矿物，是薄片鉴定的重点和基本功。最常见的橄榄石、辉石、角闪石、黑云母、斜长石、钾长石和石英等几种矿物，可广泛出现在三大岩类之中，要牢记它们的光性特征，对其他矿物，要在实验课中出现一个，记住一个。日积月累，薄片鉴定水平自然会很快提高。

就作者个人经验而言，要掌握矿物光性特征，除多看多练以外，记住矿物典型切面光性方位是十分有帮助的。还是在20世纪70年代，笔者买到王德滋先生编写的《光性矿物学》，与其他类似的工具书不同的是，书中有大量矿物典型切面光性方位图，这使得笔者能在较短的时间内掌握常见矿物光性特征，为岩石学教学和科研工作打下了很好的基础，终身受益匪浅。最近，笔者得到内华达大学 M. J. Hibbard（1995）的新书《Petrography to Petrogenesis》，书中有系统的常见造岩矿物典型切面光性方位图（而不是立体的光性方位图），很有参考价值。

现以图1－7所示的普通辉石光性方位图为例，说明掌握典型切面的益处。该图包括垂直 c 轴切面（横切面）、平行010切面（纵切面）和平行100切面（纵切面）的三类典型切面。综合三类切面光性方位，不难掌握普通辉石的下列重要鉴定特征：

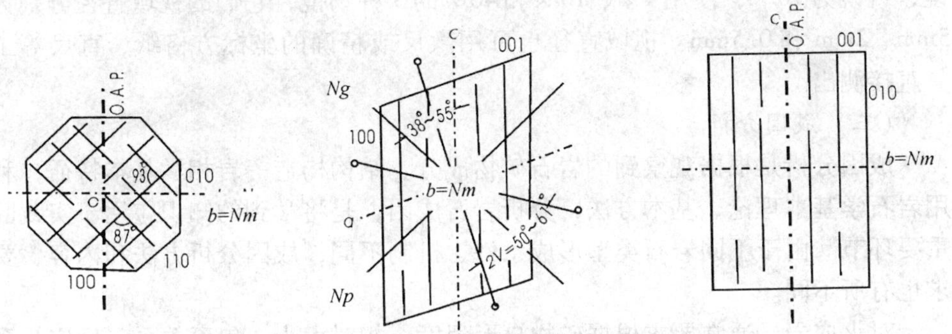

（a）垂直 c 轴切面　　（b）平行010切面　　（c）平行100切面

图1－7　普通辉石光性方位图

（1）有一个光率体轴与一个结晶轴重合（这里是 Nm 与 b 重合），属单斜晶系。综合纵横切面形状，可看出晶体形状特点为横断面近八边形的柱状

（必须指出的是，薄片中观察到的晶体形状也应将不同切面进行综合）。

（2）有｛110｝两组近直交的解理（横切面解理特点清楚，纵切面只能看到一个方向的解理）。

（3）由于光轴面（O. A. P）平行010，因此，平行010切面有重要鉴定意义。在该切面上可看到最高干涉色和最大消光角。普通辉石最大消光角 $Ng \wedge c$ 很大（38°～55°），使得在该类切面上延性可正可负；

（4）除斜消光外，可出现其他消光类型：在垂直 c 轴切面上为对称消光，而在平行100切面上则出现平行消光。

这里还要强调一下，对矿物形状、大小、解理等特征需要综合不同切面描述。如辉石、角闪石，纵切面呈长方形，显示一个方向完全解理，不能据此描述为"长方形"，"一组完全解理"，而要综合横切面特征（图1－7），描述为"长柱状，横切面呈六边形"，"两组完全解理"等。只有各种切面都呈等轴状者，才能描述为"等轴粒状"，此时用"粒度为…mm～…mm"描述大小及其变化范围，否则需用"…mm×…mm～…mm×…mm"或"…mm×…mm×…mm～…mm×…mm×…mm"描述。当特殊情况下需要较准确地测定矿物颗粒大小时，需用目镜微尺直接测定或图像分析仪测定，具体测法参见有关工具书。通常情况下，可以以视域直径为准目估矿物颗粒大小。如图1－6，假定视域直径 d＝3mm，则可估计粒径为0.3～0.5mm。不过，不同型号显微镜、不同目镜、不同物镜下视域直径大小不同。对我们教学用的Nikon偏光显微镜，目镜为10×，使用4×、10×和40×的3种物镜，它们的视域直径分别为5mm、2mm和0.5mm。视域直径也可用微尺或精确的坐标方格纸、直尺等工具直接测出。

（三）成因分析

成因分析是根据观察到的岩石矿物成分、结构构造等岩相学基本特征，利用岩石学基本理论、基本方法，分析岩石成因，是将学到的知识应用于实践的重要环节。由于不同岩石类型形成条件、机制不同，成因分析方法和内容、要求也有所不同。

对火成岩，通常要求根据矿物自形程度、相对大小、包裹关系、反应关系等结构特征分析矿物结晶顺序，区分原生矿物与次生矿物。岩石次生变化类型很多，但通常次生变化产物与原生矿物有关（表1－1），掌握这些关系，有利于岩石鉴定工作。石英是不会发生次生变化或退变质的，这一点也是区分长石石英的标志。此外两种长石同时出现时，次生变化或退变质特点不同，往往一种长石发生变化，另一种不变，即使二者都发生变化，它们的变化产物也不同，这个特点可以帮助鉴定长石。

表1－1　几种原生矿物的常见次生产物

原生矿物	次　生　矿　物
橄榄石	蛇纹石、透闪石、滑石、伊丁石
辉石	纤闪石、蛇纹石、绢石（具辉石假象的叶蛇纹石）、绿泥石、方解石
角闪石	绿泥石、绿帘石、方解石
黑云母	绿泥石
斜长石	绢云母、高岭石、钠长石、黝帘石
钾长石	高岭石、绢云母
霞石	钙霞石、细分散状赤铁矿、水铝氧石
石英	无

对陆源碎屑岩，通常要求根据结构成分等特征，分析搬运距离、水动力条件、沉积环境、成岩方式。

对变质岩，通常要求根据矿物成分、结构特点，区分热峰前进变质矿物残留、热峰矿物组合和退变质矿物，分析变质岩化学类型、原岩性质、变质作用热峰条件（变质相、带）。

（四）定名

根据岩石基本特征，结合分类命名原则给岩石以正确定名。确定岩石类型后，进一步可按构造和矿物命名，如片麻状花岗岩、黑云母花岗岩、片麻状黑云母花岗岩等。当岩石名称中不只1个矿物（一般不超过3个）名称时，矿物一般按含量“少前多后”的原则排列，矿物直接用半字符“－”连接，如十字石－石榴石－白云母片岩。当要强调次生变化或退变质时，用“××化”冠于岩石名称最前面，如伊丁石化橄榄玄武岩。

（五）素描图

尽管现代显微照相技术可以为我们提供精美的显微照片，但仍代替不了显微素描图。素描图以其直观、能清楚地说明问题而深受欢迎。

素描图分两类，一类主要反映岩石整体结构、成分特点。如图1－8，它很好地反映了该岩石具有“斑状变晶结构，变斑晶为十字石、石榴石和黑云母，基质由石英和白云母组成”和变斑晶大小等总体特征，还反映了变斑晶的各种嵌状变晶结构特点。另一类反映局部结构

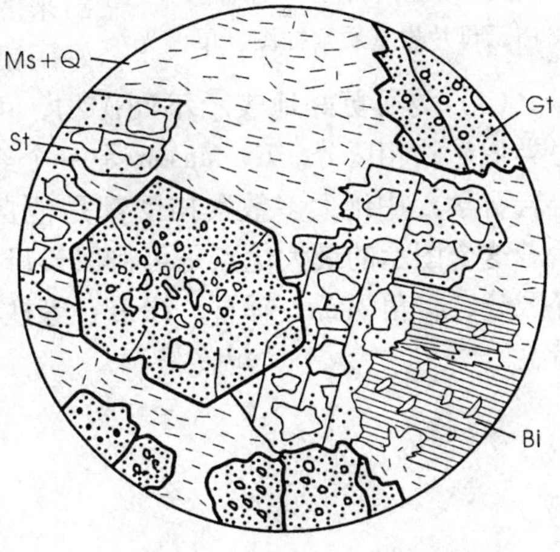

图1－8　十字石－石榴石－白云母片岩素描图

基质 Ms＋Q 示意表示，（据 R. Mason，2000）

单偏光，$d=5$mm

特点。如图1－9，它很好地反映了该岩石“基质中石英等轴他形粒状颗粒边界平直，常见二面角120°的三联点，说明结构平衡。白云母细小鳞片状，连续定向排列，构成片理”等特征。显然，这两个素描图非常直观地反映了所描述的十字石－石榴石－白云母片岩的岩相学特点。无论哪类素描图都要用代号标出矿物名称，图的下方必须注明单偏光或正交偏光，并用视域直径 $d=\cdots$ mm或直线比例尺标明绘图比例，最好有简单的文字说明。

显微素描是地质学家和工程师的基本功，要画好应该多练，同时应注意以下几点技巧：

（1）要选择好典型的能反映所要表示的岩石特征的视域。

（2）素描图应力求真实，但又要重点突出，可略去不必要的内容。如图1－8，基质白云母和石英仅概略表示。

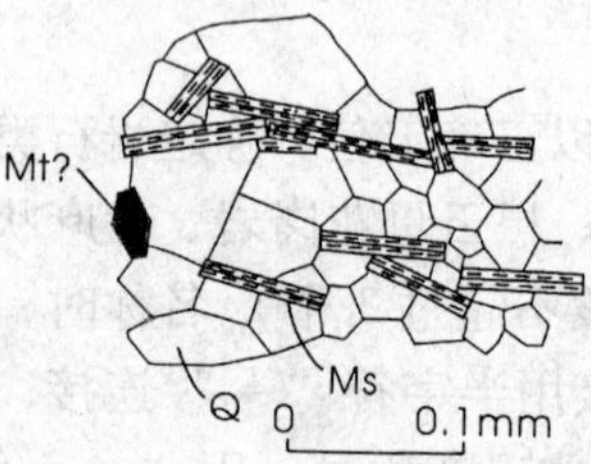

图1－9　十字石－石榴石－白云母片岩基质素描图，单偏光

（3）通常作单偏光下素描，注意用线条的粗细轻重、点子的疏密表示不同等级的突起和糙面，同时注意轮廓、解理、裂纹、包裹体的表示。这样，不同矿物会形象地跃然纸上。如图1－8、图1－9，石榴石极高正突起、糙面极显著，用极粗线条和密集点子表示；十字石高正突起、糙面显著，用粗线条和稀疏的点子表示；黑云母中正突起用细线条表示；石英低正突起用极细线条表示。画出来的素描图效果很好。初学者，绘图时最好用铅笔。

（4）为了更好地表示不同矿物，可设计使用矿物图示，既不失真，又可将类似矿物相区分。R. Mason是一个经验丰富的岩石学家，他编写的《变质岩岩石学》中绝大多数素描图都是他自己画的。图1－10是他设计的矿物图示。这个图示的最大优点是可将黑云母、白云母、绿泥石等片状硅酸盐矿物很好区分，将角闪石、辉石、绿帘石等柱状硅酸盐很好区分开，很值得我们学习借鉴。

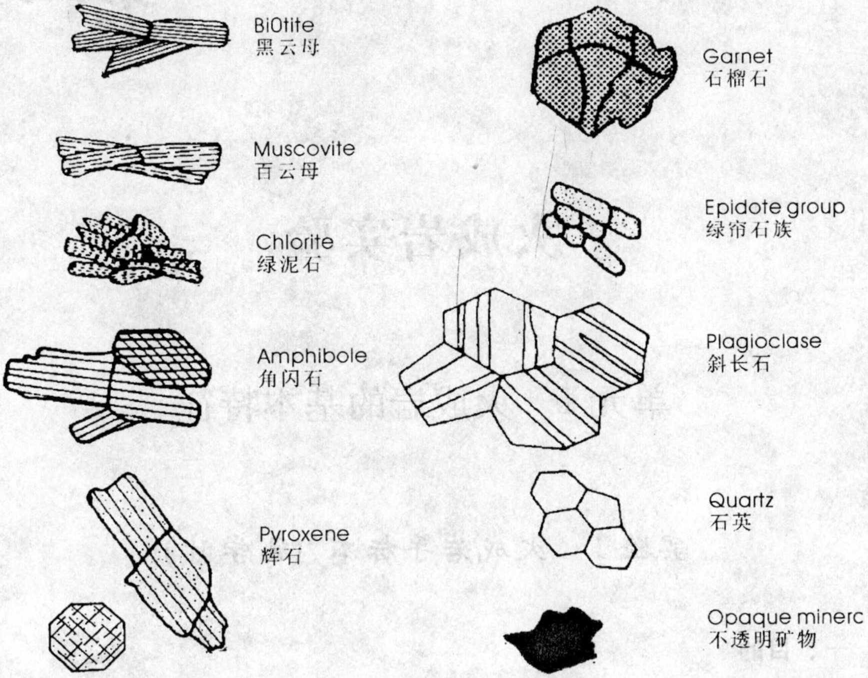

图1－10　矿物图示

（据R. Mason，1990，略有补充）

思　考　题

1. 请写出岩石手标本和薄片描述步骤。

2. 请画出紫苏辉石、普通角闪石、黑云母的典型切面光性方位，并掌握它们的光性鉴定特征。

3. 你认为岩石学教与学中，实验课应摆在什么位置，为什么？

第二章

火成岩实验

单元1　火成岩的基本特征

实验1　火成岩手标本（2学时）

一、目的

通过本次实验，对火成岩结构、构造的概念及划分依据有个感性认识，掌握火成岩手标本上的常见结构、构造的特征和成因。

在手标本上认识火成岩的常见造岩矿物，初步掌握手标本上矿物含量估计的技巧。

掌握火成岩手标本的观察内容和描述方法，了解侵入岩和火山岩的分类命名原则。

二、内容和要求

1. 课前准备

要求学生对《岩石学》第三、四章有关火成岩的结构、构造、矿物组成及分类命名的相关内容进行预习，教员在课前要对相关内容进行概括性的总结。

（1）火成岩结构划分要素及与形成条件的关系；

（2）侵入岩与火山岩的常见构造及成因意义；

（3）常见造岩矿物、共生组合关系和主要鉴定特征；

（4）侵入岩的矿物分类命名原则和火山岩的常用分类命名方法；

(5) 岩石手标本观察内容和描述格式。

2. 实验材料

建议使用下列手标本（括弧内为产地）：①二辉橄榄岩（河北汉诺坝）；②辉长岩（山东济南）；③花岗闪长岩（北京周口店）；④闪长岩（湖北大冶）；⑤斑状花岗岩（北京周口店）；⑥闪斜煌斑岩（河北昌平）；⑦玄武岩（南京方山）；⑧安山岩（北京西山）；⑨流纹岩（河北张家口）；⑩花岗岩（安徽黄山）。

3. 要求

(1) 对上列标本用下表形式进行简单的描述：

标本号	颜色	结构	构造	矿物含量	岩石定名

(2) 参考附录1中的手标本描述格式，详细描述手标本1～2块。

三、提示

(1) 矿物肉眼鉴定可参考附录1。重点是要掌握橄榄石（蚀变矿物伊丁石）、辉石、角闪石、黑云母、斜长石、钾长石、石英的鉴定特征和相互区别，可参考表2－1、表2－2。

表2－1　手标本上辉石、角闪石和橄榄石的主要区别

矿　物	颜　色	晶　形	横切面形态	解　理
辉石	黑色	短柱状或粒状	多为四方形	二组夹角近90°
普通角闪石	黑色带绿色色调	长柱状或针状	菱形或平行四边形	二组夹角56°、124°
橄榄石	橄榄绿－浅黄绿	等轴粒状		无，断口贝壳状

表2－2　手标本上斜长石、钾长石、石英的主要区别

矿　物	常见颜色	光　泽	解理及断口	双　晶
斜长石	白、乳白、淡黄绿	玻璃光泽	两组完全，阶梯状断口	聚片双晶
钾长石	肉红、浅黄色	玻璃光泽		卡氏双晶
石英	无色透明、烟灰色	油脂光泽	无，贝壳状断口	无

(2) 火成岩手标本颜色是指标本的总体颜色，对于结晶粒度较粗的样品，

要远距离观察。颜色的深浅与暗色矿物的含量（色率）有关，是手标本鉴定的重要标志之一，但要注意，同样的暗色矿物含量，如果岩石中矿物的结晶粒度不同，颜色的深浅有很大的变化，粒度越细，颜色越深，这就像一滴墨水在未扩散之前不能染黑一杯水，而充分扩散后，可使一杯水变黑的道理一样。

（3）手标本上观察岩石的结构受肉眼分辨力的限制，一般只局限在矿物的结晶程度和颗粒大小（绝对大小和相对大小）上，在结晶粒度较粗时，有时可以观察自形程度和矿物之间的相互关系（如反应边结构、条带结构、环带结构、文象结构等）。本次实验主要注重结晶程度和颗粒大小的观察。要注意隐晶质结构与玻璃质结构、斑状结构与似斑状结构的区别。

（4）石英的含量在岩石分类定名上具有重要的意义，手标本上石英含量的估计较困难，据经验，当石英含量小于5%时，手标本上很难观察到石英，当手标本上能找到石英时，含量一般在10%左右，如能轻易看到石英，其含量往往大于15%。

思 考 题

1. 深成侵入岩、浅成侵入岩和火山岩在结构上有何差别？
2. 从基性火山岩到酸性火山岩基质结晶程度有何变化？

实验2 火成岩薄片（2学时）

一、目的

（1）通过本次实验，对火成岩薄片中的常见结构及划分依据（重点是矿物与矿物之间的关系）有个感性认识，掌握火成岩薄片中常见结构的特征和成因。

（2）认识火成岩的常见造岩矿物，初步掌握薄片中矿物含量估计和测量的方法。

（3）掌握火成岩薄片的观察内容和描述方法，进一步掌握侵入岩和火山岩的分类命名原则。

二、内容和要求

1. 课前准备

学生课前要对《岩石学》第三、四章有关火成岩的结构、矿物组成及分类命名的相关内容进行预习，教员在课前要对相关内容进行概括性的总结和演示。

（1）通过投影演示，讲解火成岩常见结构的镜下特征（重点是矿物之间的关系）及其成因解释；

（2）主要造岩矿物的镜下鉴定特征、矿物粒度、含量估计和测量方法；

（3）岩石薄片素描要求和技巧；

（4）薄片观察内容和描述格式。

2．实验材料

建议使用下列薄片（括弧内为产地）：①二辉橄榄岩（河北汉诺坝）；②辉长岩（山东济南）；③花岗闪长岩（北京周口店）；④闪长岩（湖北大冶）；⑤斑状花岗岩（北京周口店）；⑥闪斜煌斑岩（河北昌平）；⑦玄武岩（南京方山）；⑧安山岩（北京西山）；⑨流纹岩（河北张家口）；⑩花岗岩（安徽黄山）。

3．要求

（1）教员系统地演示上列薄片；

（2）学生可选二辉橄榄岩和花岗闪长岩两薄片来熟习矿物光性鉴定，练习素描和矿物含量估计。

三、提示

（1）薄片中矿物的鉴定可参考有关的光性矿物学工具书。常见造岩矿物要注意橄榄石与辉石、斜方辉石与单斜辉石、黑云母与角闪石、石英与钾长石和斜长石的区别。

（2）矿物粒度测量在岩石薄片鉴定中视研究性质不同所要求的精度不一样。对于一般的科研和生产薄片的鉴定，只需要对主要矿物的粒度分布范围进行测量，以达到确定其结构的目的，在有条件的情况下，可用目镜微尺和物台微尺来配合测量；没条件时，在测定视域直径大小的情况下，用在镜下目估矿物颗粒直径与视域直径的比值来估计矿物颗粒的大小。视域直径可用物台微尺或透明三角尺、方格纸来测量。注意，对于同一型号的显微镜，不同的放大倍数下，视域的直径不同。要记住常用的物镜与目镜组合的视域直径大小，以便以后的矿物粒度估计。对于一些专门的研究，如通过矿物的粒度分布来分析火成岩结晶及成核条件的研究和通过沉积碎屑岩中碎屑粒度的分布曲线来分析沉积相环境的研究，要求对矿物粒度分布特征进行精确的测量统计，其测量方法有两种：①用直线法测量直线穿过的所有矿物的最大半径的长度；②用专门的显微镜图像分析软件来进行粒度测量和统计。

(3) 统计矿物体积百分含量的方法多种多样，可据现有的实验设备和要求精度进行选择，精度要求高的(适用于科研)可用机械台、六轴计积台、电动计积台及计算机图像采集和分析软件来测量。对于一般的生产要求，可用目估比较法来估计矿物含量，具体方法是：在低倍物镜下选择有代表性的视域与本书附录中的矿物百分含量估计图来进行对比，取多个视域估计的平均值来近似表示矿物的百分含量。

(4) 尽管目前显微照相和镜下数字照相已应用得非常普遍，但镜下典型特征的素描仍是岩石薄片鉴定中的一个常用手段，与照片相比，素描图有抽象地重点突出表达镜下观察到的结构现象的优势（图2－1）。素描内容要典型，具代表性，用铅笔描绘，靠笔画的粗细、轻重表现出单偏光镜下矿物的突起高低、糙面、轮廓、解理、颜色及正交偏光镜下矿物的轮廓、双晶等特征。矿物的名称用代号标出，图的下方必须有简单的文字说明，注明是单偏光（－）素描还是正交镜下（＋）的素描，以及视域直径大小或放大倍数。

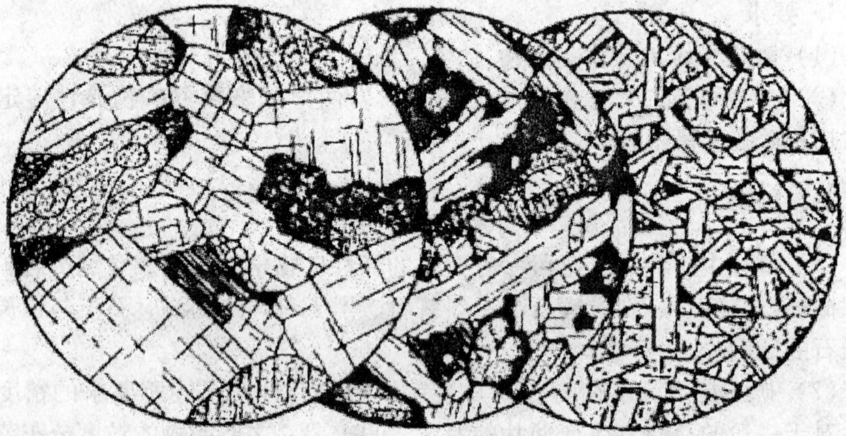
(a)　(b)　(c)

图2－1　辉长岩、辉绿岩素描图

(a) 橄榄辉长岩，具辉长结构（－100倍）；(b) 辉长岩（富磁铁矿），介于辉长结构和辉绿结构之间（－100倍）；(c) 辉绿岩，具辉绿结构（－100倍）

思 考 题

1. 斑状结构与似斑状结构如何区别，各代表什么成因？

2. 从超基性侵入岩到酸性侵入岩，在矿物组成和含量上有什么变化和差别？

单元2 超镁铁岩与镁铁质侵入岩

实验3 超镁铁岩（2学时）

一、目的

（1）通过本次实验掌握超镁铁岩的矿物成分、结构、构造、次生变化特征及分类命名原则；

（2）了解岩浆成因和非岩浆成因超镁铁岩的区分标志；

（3）掌握火成岩鉴定报告的编写格式和方法。

二、内容和要求

1. 课前准备

学生要对《岩石学》第五章内容进行预习，教员对本次实验课的相关内容进行讲解。

（1）超镁铁岩的主要矿物组成和分类命名原则，常见种属和成因；

（2）岩浆成因超镁铁岩与非岩浆成因超镁铁岩在矿物组成、结构构造上的区别。

2. 实验材料

手标本及薄片：①二辉橄榄岩（河北汉诺坝）；②蛇纹石化纯橄榄岩；③辉石岩。

3. 要求

（1）系统观察、描述二辉橄榄岩，用超镁铁岩的分类三角图解进行岩石分类命名；

（2）参观蛇纹石化纯橄榄岩和辉石岩，了解超镁铁岩常见的次生变化特征；

（3）通过对比，掌握不同成因超镁铁岩的区别。

三、提示

（1）超镁铁岩主要矿物为橄榄石、单斜辉石和斜方辉石，通过这次实验要掌握这三种矿物的鉴定特征和相互区别（表2－3）。

（2）岩浆成因和非岩浆成因的超镁铁岩在岩石结构、构造上可进行区别，前者具岩浆结晶结构特征，主要有自形—半自形的粒状结构，常见包含结构、反应边结构和堆晶结构（图2－2）。蛇纹石化蚀变的橄榄岩具网状结构。岩石整体多显示块状构造和层状构造。后者则常见变质变形结构和出现熔融结构（图2－3）。部分岩石中可发育叶理、线理等定向组构。

表2－3　橄榄石、单斜辉石和斜方辉石的区别

矿物	多色性	最高干涉色	解理	消光
橄榄石	无色	三级蓝、绿	无，或不完全解理	平行消光
单斜辉石	无色带或弱色带淡黄色色调	二级中部	二组完全，夹角近90°	多数切面斜消光，消光角一般大于35°
斜方辉石	无色，紫苏辉石具淡蓝色－淡红色多色性	一级橙	二组完全，夹角近90°	多数切面为平行消光

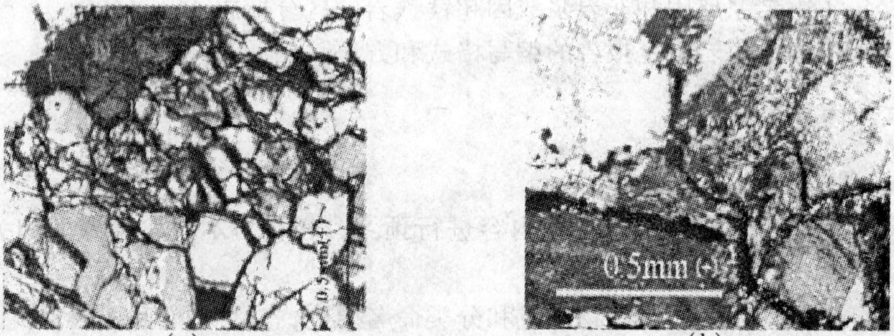

(a)　(b)

图2－2　岩浆成因超镁铁岩的结构、构造

(a) 蛇纹石化纯橄榄岩，具自形晶结构，岩石具较强的次生变化，蚀变矿物有蛇纹石、透闪石和滑石，橄榄石的自形晶可通过正交镜下一致消光的颗粒边界恢复；(b) 透辉石岩，具粗粒半自形晶结构，在辉石柱状晶体粒间有晚期的填隙物，已蚀变为绿泥石

(a)　(b)　(c)

图2－3　非岩浆成因超镁铁岩－地幔橄榄岩的结构、构造

(a)、(b) 二辉橄榄岩，具粒状镶嵌结构，矿物颗粒呈近等轴的粒状，彼此以直线镶嵌接触，在三矿物接触处界限平直，三个交角接近120°，部分橄榄石具扭折带；(c) 方辉橄榄岩，具板状等粒结构，橄榄石有时呈拉长状，顽火辉石多为压扁形态，矿物颗粒边界平直。岩石叶理发育，部分橄榄石具扭折带

（3）超镁铁岩是极易蚀变的一类火成岩，本次实验中可见到蛇纹石、透闪石、滑石及绿泥石等蚀变矿物，要掌握这些矿物的光性特征，并分析其生成顺序。

思考题

1. 岩浆成因的超镁铁岩和非岩浆成因的超镁铁岩在结构、构造和矿物成分上有何区别？为什么？

2. 研究玄武岩中的橄榄岩包体有什么地质意义？

3. 橄榄岩的蚀变矿物有哪些？

实验4　基性侵入岩（2学时）

一、目的

（1）掌握基性侵入岩的矿物组成、结构、构造特征及分类命名原则；

（2）了解不同条件下结晶的基性侵入岩在结构、构造上的变化，对辉长结构、辉绿结构、堆晶结构、包橄结构、含长结构及反应边结构的特征和成因有较好的掌握。

二、内容和要求

1. 课前准备

学生对《岩石学》第五章的有关内容进行预习，教员在课前要对基性侵入岩的一般特征及分类命名方法进行总结性概括。

2. 实验材料

手标本及薄片：①辉长岩（山东济南）；②辉绿岩（山东济南）；③ 斜长岩。

3. 要求

（1）用规范的格式系统观察描述辉长岩的手标本及薄片，进行岩石定名，并对矿物的结晶顺序进行分析，要求对斜长石的牌号进行测定，对单斜辉石要求测出最大消光角。

（2）观察辉绿岩和斜长岩薄片，对比辉长岩与辉绿岩在结构上的差别，理解其成因意义。

三、提示

1. 矿物成分的区别

辉长岩中除主要矿物辉石和基性斜长石外，偏基性端元可出现次要矿物橄榄石，偏碱性端元可出现碱性长石或黑云母，观察薄片时要注意：单斜辉石（本薄片为普通辉石）与斜方辉石（本薄片为紫苏辉石）的区别，橄榄石的产出状态及其意义（结合 Fo－Q 相图理解），在斜长石粒间充填的他形长石是否为碱性长石（据突起正负判断）。

2. 矿物的结晶顺序的主要判断因素

（1）自形程度，自形程度好者，一般结晶较早；

（2）包含关系，被包含的矿物早于包含它的矿物；

（3）反应关系，被交代的矿物早于交代它的矿物；

（4）充填关系，填隙矿物晚于被填隙的矿物。

本次实验中这些关系基本上均能见到。

3. 辉长结构与辉绿结构的区别（图 2－4）

主要表现在辉石与长石的自形程度和充填关系上，与岩体的侵位深度决定的岩浆结晶时的压力条件有关，可结合 Di－An 相图理解。

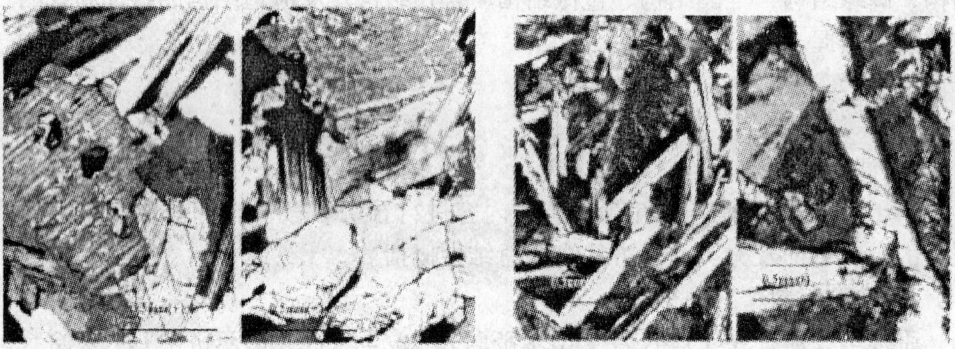

(a)－1　(a)－2　(b)－1　(b)－2

图 2－4　辉长岩((a)－1、(a)－2)和辉绿岩((b)－1、(b)－2)

(a)－1、(a)－2 辉长岩具辉长结构，辉石具包橄和含长结构，橄榄石被交代成浑圆状，部分具蛇纹石化蚀变；(b)－1、(b)－2 辉绿岩，斜长石成柱状自形晶杂乱分布，辉石充填于三角架状孔隙间

思 考 题

1. 辉长岩和辉绿岩在结构上有何区别？原因何在？

2. 为什么在该岩石薄片中，橄榄石多成浑圆状颗粒出现在辉石内部？

3. 如何判断火成岩中矿物的结晶顺序？

单元3　玄武岩及相关岩类

实验5　亚碱性玄武岩－碱性玄武岩（2～4学时）

一、目的

（1）掌握基性喷出岩的结构、构造、矿物成分特征和分类命名原则；

（2）认识火山岩与侵入岩在结构、构造上的差别及其原因；

（3）对斑状结构形成正确的认识，注意同种矿物的斑晶和基质的成分差异，了解其原因；

（4）了解亚碱性玄武岩与碱性玄武岩的区别。

二、内容和要求

1. 课前准备

学生要对《岩石学》第六章玄武岩及相关岩石的一般特征进行课前预习，教员课前总结介绍玄武岩的一般特征、常见种属和命名原则，重点介绍亚碱性玄武岩与碱性玄武岩的区分标志。

2. 实验材料

手标本及薄片：①拉斑玄武岩（南京方山）；②碱性玄武岩（黑龙江五大连池）。

3. 要求

（1）系统观察描述伊丁玄武岩（橄榄拉斑玄武岩）；

（2）测定斑晶斜长石和基质中微晶斜长石的牌号；

（3）观察碱性玄武岩手标本和薄片，比较二者在矿物组成上的区别。

三、提示

（1）玄武岩因冷凝速度不同可显示出间粒结构（图2－5（b）、图2－6）、间粒间隐结构、间隐结构（图2－5（a）、（c））和玻基斑状结构等不同结构，熔岩层厚度大小、同一熔岩层中的不同部位（如顶部、中部、底部）冷却速度不同，可形成不同的结构。本次观察的玄武岩基质结晶较好，具间粒结构（图2-5（b）），样品应取自熔岩层的中部。

（2）玄武岩中的伊丁石（图2-6（b））是橄榄石在高温氧化环境下蚀变的产物，不是单一的矿物晶体，而是铁镁氧化物与硅酸盐的混合物，在岩石分类命名和考虑岩石的基性程度时，可当作橄榄石等同考虑。

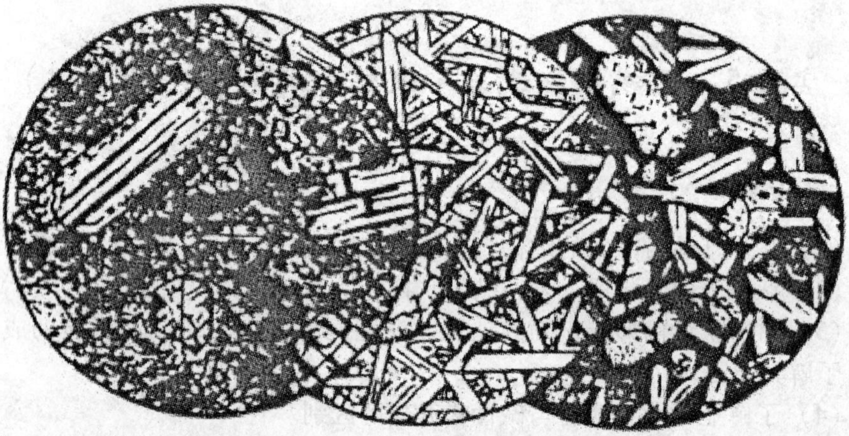

（a）　　（b）　　（c）

图2-5　玄武岩的结构及随冷却条件的变化

（a）间粒间隐结构；（b）间粒结构；（c）间隐结构

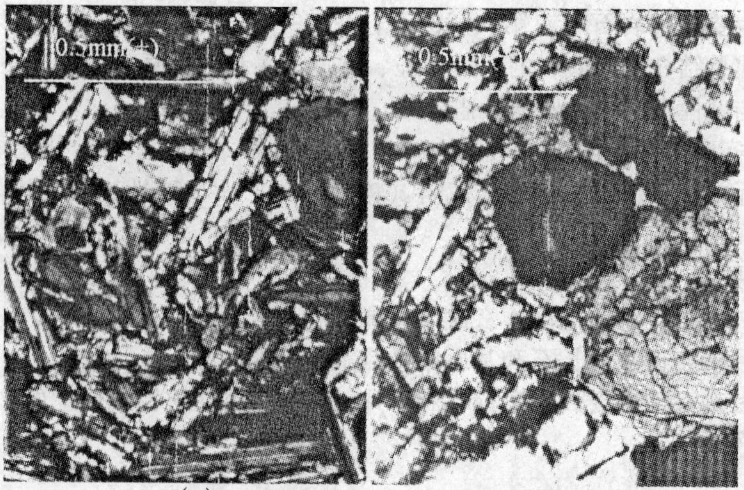

（a）　　（b）

图2-6　玄武岩的结构及随冷却条件的变化

（a）、（b）伊丁玄武岩的镜下特征，具斑状结构，基质为间粒

（3）玄武岩与安山岩之间存在成分过渡关系，其过渡类型很难区分，主要的方法之一是测定微晶斜长石的牌号，玄武岩中微晶斜长石牌号一般大于50，属基性斜长石，安山岩中的微晶斜长石牌号一般小于50，主要为中长石。

思 考 题

1. 拉斑玄武岩与碱性玄武岩有何区别？

2. 结合辉长岩、辉绿岩，总结基性岩的结构与岩浆冷却速度的关系。

单元4　花岗质岩类

实验6　闪长岩－二长岩－正长岩（2~4学时）

一、目的

掌握中性侵入岩类的矿物组成、结构、构造特征和分类命名原则，通过不同岩性的对比观察，掌握斜长石、钾长石的相对含量及石英含量在中性侵入岩分类命名中的作用。掌握侵入岩侵入深度与岩石结构的关系。

二、内容和要求

1. 课前准备

要求学生要对《岩石学》第七章的相关内容进行认真预习，对中性侵入岩常见种属的矿物组成和结构、构造特征有较好的了解，较好地掌握石英含量和长石的相对含量在岩石分类命名中的重要性和主要划分界限。

2. 实验材料

手标本及薄片：①石英闪长岩（湖北大冶）；②闪长玢岩（山西临县）；③二长岩；④正长岩（河北下花园）；⑤正长斑岩。

3. 要求

（1）系统观察描述石英闪长岩；

（2）对比闪长岩、二长岩和正长岩在矿物成分上的差别，测定闪长岩中斜长石的牌号，与辉长岩中斜长石牌号进行比较；

（3）对比闪长岩与闪长玢岩在结构上的差别和斜长石环带结构发育的情况。

三、提示

（1）斜长石、钾长石和石英的正确区分和含量估计是正确鉴定中酸性侵入岩的关键，这三种矿物的偏光显微镜下特征和区分标志如表 2－4 所列。

表 2－4　斜长石、钾长石、石英的主要区别

矿　物	晶　形	突　起	解　理	双　晶	蚀　变
斜长石	常为柱状	多为正低，牌号小于10号者为负低	二组完全	常具聚片双晶（图2－7（a））	绢云母、高岭石、钠长石、黝帘石
钾长石	柱状或他形	负低		卡氏双晶、格子双晶（图2－7（d））	高岭石、绢云母
石英	他形	正低	无	无	无

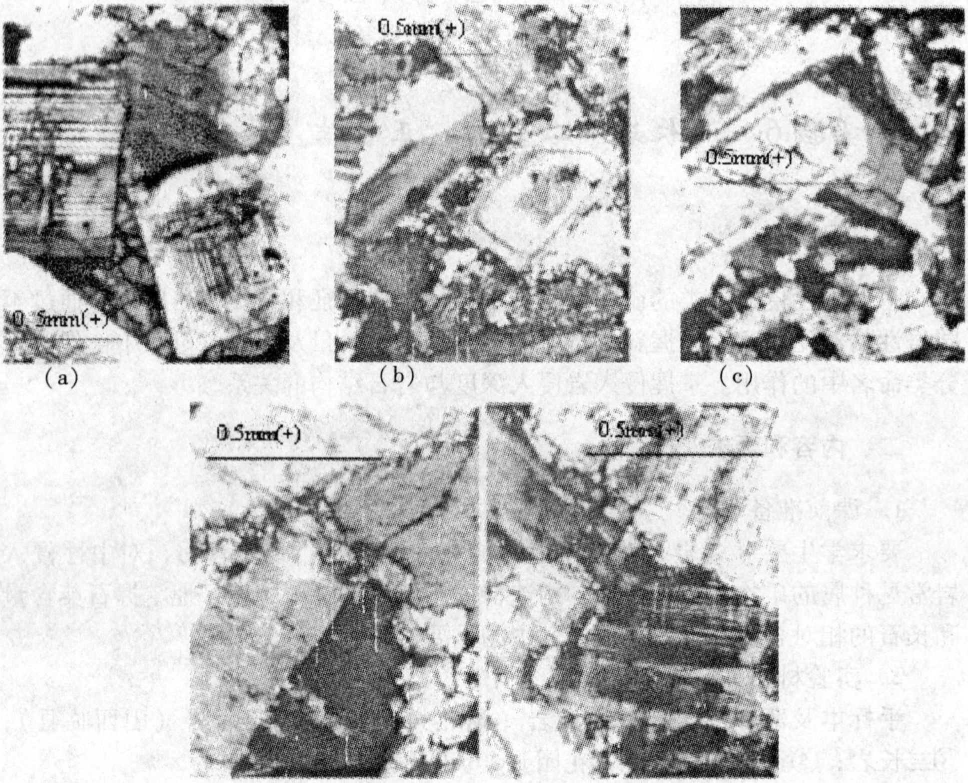

（a）　（b）　（c）

（d）－1　（d）－2

图 2－7　闪长岩、闪长玢岩、正长岩镜下特征

（a）中心相闪长岩，斜长石无环带；（b）边缘相闪长岩，斜长石具环带结构；（c）闪长玢岩，具斑状结构，斜长石发育环带；（d）－1、（d）－2 正长岩，钾长石具卡氏双晶（正长石）和格子双晶（微斜长石）

（2）闪长岩的常见暗色矿物为角闪石和黑云母，有时也有少量辉石，辉石边缘常可出现角闪石反应边，在薄片观察时，要注意在角闪石中是否存在有辉石的交代残余。

（3）斜长石的环带结构（图2－7（b）、（c））是在不平衡条件下快速冷凝结晶的产物，而当碱性长石出现溶离条纹时，则多反映了缓慢冷却条件下平衡结晶的产物，二者均具有一定的指相意义。要注意的是，正长斑岩中一般不出现条纹长石，而闪长玢岩中常见环带斜长石。

（4）中酸性侵入岩中常见榍石、磷灰石和锆石等副矿物，注意其偏光显微镜下的鉴定特征。

思考题

1. 闪长岩、二长岩、正长岩的主要区别是什么？闪长岩与辉长岩的区别是什么？

2. 为什么斜长石会出现环带结构，有何成因意义，你认为如果条件允许，还有其他哪些矿物会形成环带？

实验7　花岗岩－花岗闪长岩（2～4学时）

一、目的

（1）掌握酸性侵入岩的矿物成分、结构、构造特征；

（2）学会使用*QAP*三角图对中酸性侵入岩分类命名；

（3）对比超镁铁岩、镁铁质岩和花岗岩类岩石在矿物成分上的变化，掌握其矿物成分的变化规律。

二、内容和要求

1. 课前准备

学生对《岩石学》第六章的相关内容进行预习，并对岩石分类三角图的投图方法，石英、斜长石、钾长石的鉴定和区别标志，碱性长石的常见种属和鉴定特征进行复习。

2. 实验材料

手标本及薄片：①钾长花岗岩（北京杨坊）；② 花岗闪长岩（北京周口店）；③斑状花岗岩（北京周口店）；④花岗斑岩。

3. 要求

（1）系统观察描述钾长花岗岩手标本和薄片，用 *QAP* 三角图进行定名；

（2）对比钾长花岗岩与花岗闪长岩在矿物组成上的异同，理解其分类命名的主要依据；

（3）对比花岗岩、斑状花岗岩和花岗斑岩的结构差异。

三、提示

（1）花岗质岩石的分类命名的关键是对石英、斜长石和碱性长石的正确鉴定和含量统计，将三种矿物的含量换算成百分含量后（$Q+A+P=100\%$），在 *QAP* 三角图中投点确定名称（图 2－8），岩石中的暗色矿物（如黑云母、白云母）和具成因意义的少量矿物（如石榴石、红柱石、电气石等）可作为前缀参加命名。

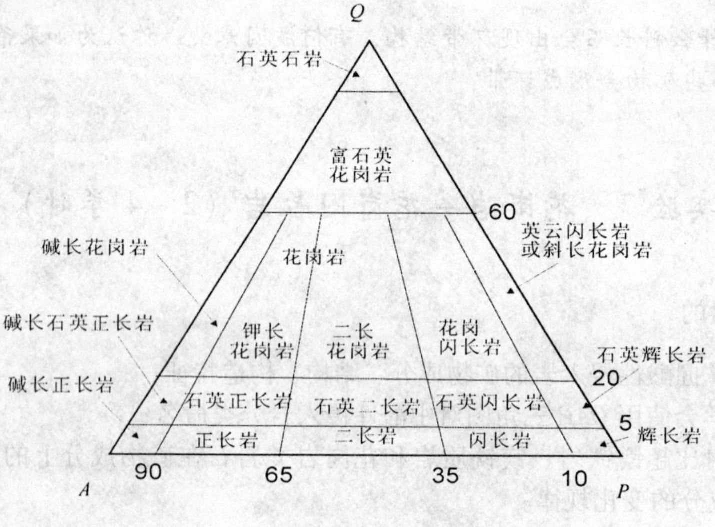

图 2－8　花岗岩类岩石 *QAP* 分类三角图

Q＝石英；P＝斜长石；A＝钾长石＋歪长石＋条纹长石＋钠长石（An＜5%）

（2）碱性长石（*A*）包括钾长石类（透长石、正长石、微斜长石）、富钠长石类（钠长石、歪长石）和钾钠质长石类（条纹长石），在钾长石类中，透长石属高温长石，一般仅出现在火山岩和潜火山岩中，花岗岩中主要为正长石和微斜长石，二者可据其是否发育格子双晶（多见于微斜长石）来区分。钾钠质长石如条纹长石，在观察时要根据条纹的形态、分布、双晶和干涉色特征及主客晶折射率的比较，区别正反条纹长石，判断其成因。（出溶条纹？交代条纹?)

(3) 花岗质岩石中的副矿物，如石榴石、红柱石、堇青石、钛铁矿、磁铁矿等对指示岩浆源区具有重要意义，应注意观察描述。

(4) 要注意条纹结构、显微文象结构及蠕虫结构等的观察和描述，判断其是否为原生成因，它们对分析岩浆的结晶环境具有重要意义（图2-9）。

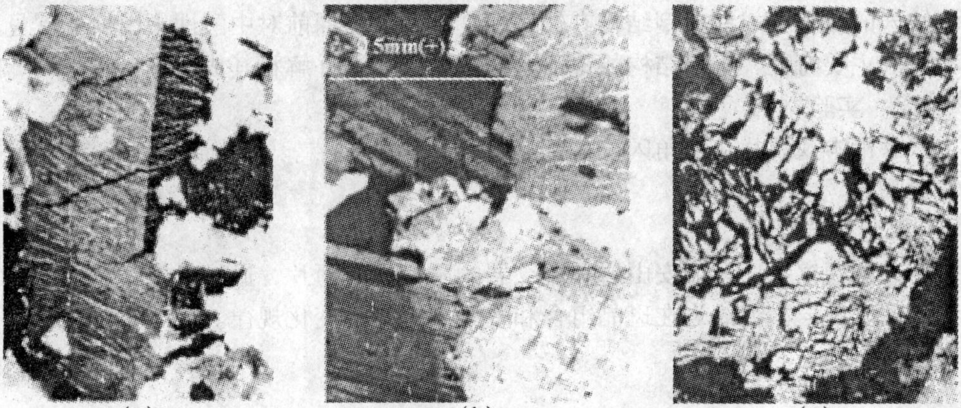

(a)　(b)　(c)

图2-9　花岗岩中常见的条纹和文象结构

(a) 出溶条纹；(b) 交代条纹；(c) 显微文象结构

思　考　题

1. 花岗质岩石和花岗岩的概念有何区别？花岗质岩石如何分类命名？
2. 火成岩中高温矿物的含义是什么？
3. 如何区分正反条纹长石？

单元5　中酸性火山岩-火山碎屑岩

实验8　安山岩-流纹岩-粗面岩（2~4学时）

一、目的

(1) 掌握中酸性火山岩的结构、构造及矿物成分特征和分类命名原则；

（2）通过对比，掌握玄武岩、安山岩、粗面岩、流纹岩在斑晶矿物组合和基质结构上的差异。

二、内容和要求

1. 课前准备

学生课前复习《岩石学》第八章的有关内容，要求对安山岩、粗面岩及流纹岩的矿物组成和典型结构有较好的掌握，教员课前对中酸性火山岩的常见种属的主要特征及主要结构的镜下特征进行介绍，并解释其成因。

2. 实验材料

手标本及薄片：①角闪安山岩；②杏仁状安山岩；③粗面岩；④流纹岩；⑤黑曜岩。

3. 要求

详细观察描述角闪安山岩和流纹岩的手标本和薄片，通过对比，总结从玄武岩到安山岩、流纹岩在斑晶组合和基质结构上的变化规律。

三、提示

（1）本次实验可观察到角闪石的暗化边结构（图 2－10）和长石及石英斑晶的溶蚀结构，前者反映含水矿物（如角闪石、黑云母等）是在地下深处结晶的，而在地表的低压高温条件下不稳定，易从边缘开始发生分解而形成暗化边，可想而知，在火山岩的基质中不会出现角闪石和黑云母等原生含水矿物，这也可作为区别火山岩和潜火岩及浅成岩脉的标志之一。长石、石英等地下结晶的斑晶矿物在地表低压高温条件下也常不稳定，而产生溶蚀结构，成孤岛状、港湾状，由此可看出斑晶和基质是两个世代的矿物，分别形成于地下和地表不同的环境，可与似斑状结构区别。

（2）要注意观察交织结构、安山结构、粗面结构（图 2－10）球粒结构和霏细结构等的特征，注意安山结构与粗面结构的区别，这要求能对基质中微晶长石是钾长石还是斜长石进行区别，二者的主要区别是突起的正（斜长石）负（钾长石）。注意结合前面观察到的，总结从玄武岩到流纹岩在斑晶矿物组合和基质结构（尤其是结晶程度）上的变化规律。

思 考 题

1. 如何区分安山岩、粗面岩和流纹岩？

2. 总结从玄武岩到流纹岩在斑晶矿物组合和基质结构（尤其是结晶程度）上的变化规律。

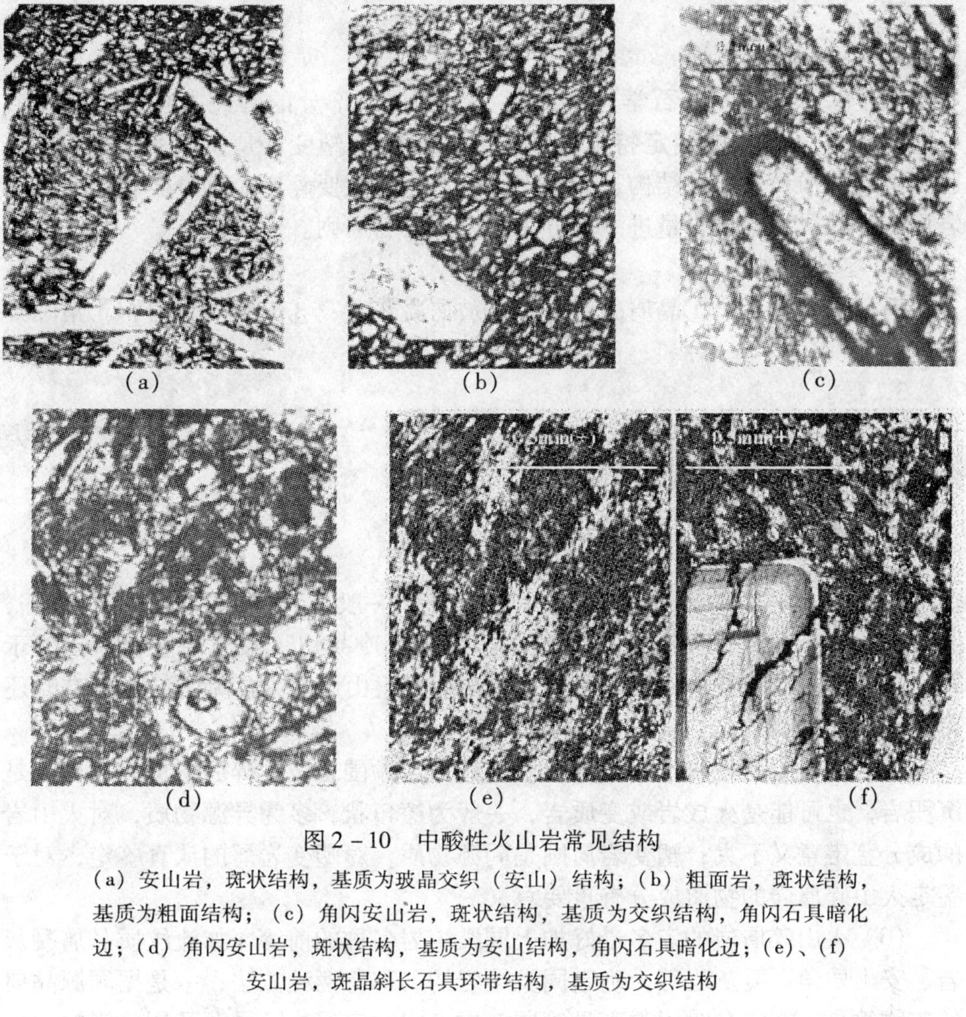

图2－10　中酸性火山岩常见结构

(a) 安山岩，斑状结构，基质为玻晶交织（安山）结构；(b) 粗面岩，斑状结构，基质为粗面结构；(c) 角闪安山岩，斑状结构，基质为交织结构，角闪石具暗化边；(d) 角闪安山岩，斑状结构，基质为安山结构，角闪石具暗化边；(e)、(f) 安山岩，斑晶斜长石具环带结构，基质为交织结构

实验9　凝灰岩（2～4学时）

一、目的

认识火山碎屑岩中的三种碎屑（晶屑、玻屑和岩屑，简称“三屑”），掌握火山碎屑岩强熔结、弱熔结和非熔结结构的特征和区别，学会编写火山碎屑岩的鉴定报告并掌握火山碎屑岩的分类命名原则。

二、内容和要求

1. 课前准备

学生课前预习《岩石学》第八章火山碎屑岩部分的有关内容，注意火山碎屑岩的“三屑”的鉴定特征，掌握刚性岩性和塑变岩屑（浆屑）的区别，区分熔结结构和非熔结结构，熟悉火山碎屑岩据主要碎屑粒度分类和对其凝灰岩用三种碎屑的相对含量进一步分类的分类命名原则。

2. 实验材料

手标本及薄片：①晶屑凝灰岩；②玻屑凝灰岩；③熔结凝灰岩；④角砾凝灰岩。

3. 要求

详细描述晶屑凝灰岩和熔结凝灰岩，估计“三屑”含量，用凝灰岩分类命名三角图进行定名。

三、提示

（1）玻屑与浆屑的区别：玻屑粒度较小，一般小于2mm，内部结构均一，为玻璃质或因脱玻化而有微弱的光性，边缘无冷凝边；浆屑一般较大，大于2mm，边缘常具冷凝边或成梳状边，内部可见火山熔岩中常见的结构，有时还可见到斑晶矿物。

（2）刚性岩屑是先已固结的火山岩或火山颈围岩被炸碎后形成的，可能是沉积岩，也可能是火成岩或变质岩，一般为棱角状，多为异源物质，对火山岩的成分鉴定意义不大；塑变岩屑则是同源物质，对塑变岩屑的认真鉴定，对于鉴定火山碎屑岩的物质成分有重要意义。

（3）火山碎屑岩的定名最好加上同类熔岩名称的前缀，如流纹质晶屑凝灰岩、安山质角砾凝灰岩等。确定同类熔岩的名称有两种方法，一是据同源晶屑的矿物组合，在定名时可与斑晶等同考虑，但一定要排除异源晶屑的影响；另一种方法是测量玻屑的折射率。各种火山玻璃的折射率 N 如下：

苦橄榄岩 $N>1.62$，玄武岩 $N=1.62\sim1.57$，玄武安山岩 $N=1.56\sim1.57$，安山岩 $N=1.56\sim1.53$，安山英安岩 $N=1.53\sim1.52$，流纹英安岩 $N=1.52\sim1.51$，英安流纹岩 $N=1.51\sim1.50$，流纹岩 $N<1.50$。

（4）凝灰岩结构的确定可参考图2－11。

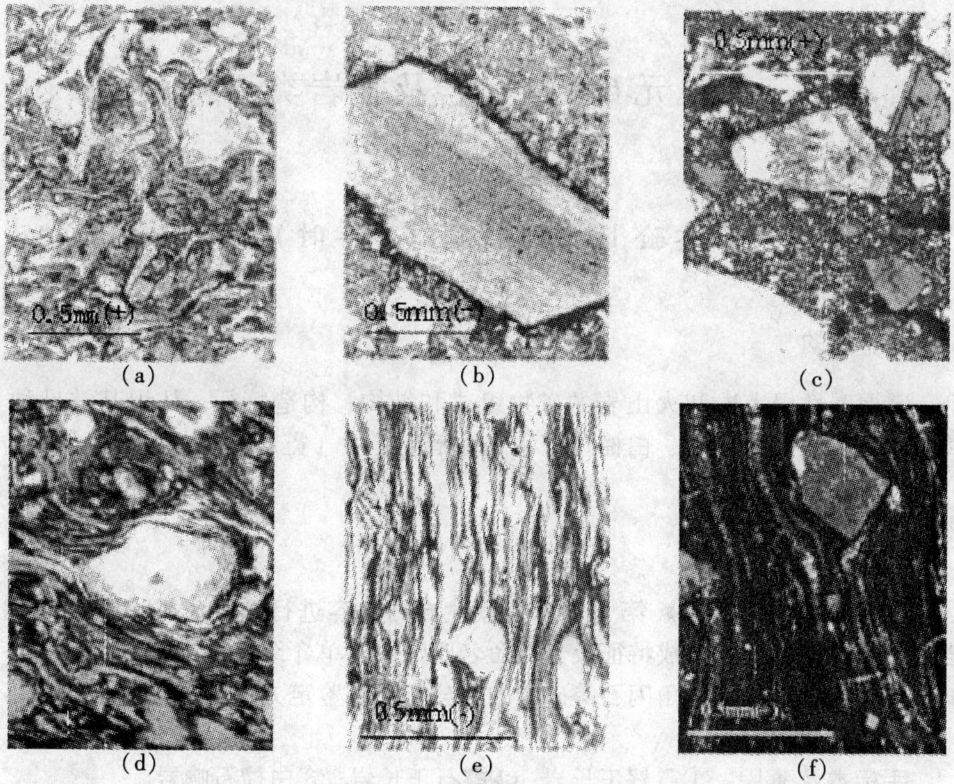

图2－11　常见火山碎屑岩结构图

(a) 玻屑凝灰岩，凝灰结构，主要碎屑为玻屑，成弧面状，未变形；(b) 玻屑凝灰岩中的刚性岩屑（粒径大于2mm时称角砾）；(c) 晶屑凝灰岩，主要由晶屑和半塑变玻屑组成，凝灰结构；(d) 晶屑玻屑熔结凝灰岩，熔结凝灰结构，凝熔程度弱，局部玻屑仍保存弧面形态；(e) 玻屑熔结凝灰岩，熔结凝灰结构，玻屑强塑性变形，熔结程度强；(f) 熔结凝灰岩正交偏光显微镜下的特征，玻屑大部分全消光，部分因脱玻化而有弱的光性

思 考 题

1. 火山碎屑岩的“三屑”是什么？如何区分？
2. 怎样区分熔结凝灰岩和非熔结凝灰岩？

单元6　碱性岩及脉岩类

实验10　碱性岩（2学时）

一、目的

掌握碱性侵入岩和火山岩的矿物组成和结构、构造特征，认识其常见种属，掌握似长石（霞石、白榴石）和碱性暗色矿物（霓辉石）的鉴定特征。

二、内容和要求

1. 课前准备

学生要对《岩石学》第九章有关碱性岩的内容进行预习，教员要对碱性岩的常见种属、矿物组成特征及分类命名原则做简单介绍，对霞石、白榴石等似长石和霓辉石、碱性角闪石等矿物的成分特征和鉴定方法进行介绍。

2. 实验材料

手标本及薄片：①霓辉正长岩；②霞石正长岩；③白榴石响岩。

3. 要求

详细描述霞石正长岩手标本和薄片，掌握霞石、白榴石与长石和石英的光性区别和碱性角闪石、霓辉石与其他角闪石和辉石的区别。

三、提示

1. 碱性岩的名称

由于矿物成分上变化较大，目前已有的碱性岩岩石名称繁多，据不完全统计，关于碱性岩的名称已有170种以上。从超基性碱性岩到酸性碱性岩都有，其主要标志是出现似长石或碱性暗色矿物，较常见的碱性岩如表2-5所列。

在常见碱性岩中，中性碱性岩更为常见，本次实验的霞石正长岩和霓辉正长岩及白榴石响岩均属中性碱性岩，其中霞石正长岩又属霞石正长岩类中的一个代表性的种属，霞石正长岩类的种属划分如表2-6所列，主要划分依据是所含的似长石的种属、长石种属和碱性暗色矿物的种属。

2. 鉴定时的注意事项

（1）在手标本上，霞石与钾长石不易区分，其区分标志是霞石为六方柱状晶形，解理不发育，颜色除可成浅红色调外，较常见为灰白、浅黄、浅褐等色，断口多为贝壳状，具油脂光泽。其与石英的区别是易风化，常风化成土状，硬度变小。镜下霞石无色，多成半自形板状或他形粒状晶形，具低负突起，具特征的裂纹，易风化，表面污浊，无双晶。

（2）白榴石为等轴晶系矿物，常发育为自形的四角三八面体，有时为菱形十二面体与立方体的聚形，手标本上常为炉灰色或灰白色，无解理，断口成贝壳状，镜下无色透明，但因极易蚀变为方沸石、绢云母和钠长石的集合体，或转熔成霞石、正长石等组合的混合物而显得表面混蚀，一般为均质体，但有时具弱的光性，出现极低的干涉色。

表 2－5　常见碱性岩

基性程度	侵入岩		喷出岩	
	代表性岩石	常见种属	代表性岩石	常见种属
超基性	霓霞岩	磷霞岩 霓霞岩 霞霓钛辉岩 钛铁霞辉岩	霞石岩	霞石岩 黄长岩
基性岩	碱性辉长岩	碱性辉长岩 等色岩 霞斜岩（企猎岩） 碱性辉绿岩	碱性玄武岩	碱性橄榄玄武岩 碱玄岩 碧玄岩 钾玄岩
中性岩	碱性正长岩	碱性正长岩 霓辉正长岩 碱闪正长岩 英碱正长岩	碱性粗面岩	碱性粗面岩
	霞石正长岩	霞石正长岩 流霞正长岩 异性霞石正长岩 暗霞正长岩 白榴斑岩	响岩	霞石响岩 白榴石响岩 黝方石响岩 方钠石响岩 蓝方石响岩
酸性岩	碱性花岗岩	霓辉花岗岩 霓石花岗岩 钠铁闪石花岗岩 铁云母花岗岩	碱性流纹岩	碱性流纹岩 碱流岩

（3）霓辉石易误认为角闪石，其与角闪石的主要区别是霓辉石具有辉石式解理，消光角 $Np' \wedge c$ 和它的负吸收性 $Ng < Nm < Np$。

表 2-6　霞石正长岩类主要种属划分

长石主要种属	似长石>5%	岩石种属	特征矿物及结构构造
正长石或微斜长石	霞石	正霞正长岩	正长石为主
		流霞正长岩	显微条纹长石，具似粗面结构
		云霞正长岩	含铁黑云母，半自形－他形粒状结构，具似片麻状构造
		角闪云霞正长岩	富铁钠闪石代替了黑云母，有时出现钠－更长石，他形粒状结构
		假白榴石正长岩	白榴石晶体已被霞石和钾长石取代
		异性霞石正长岩	含异性石，具似粗面结构
		钠闪异性正长岩	含钠闪石及异性石
		暗霞正长岩	霓辉石、铁黑云母等暗色矿物含量很大，一般达30%～60%
	方钠石	方钠正长岩	碱性长石（一般为钾长石，有时也可为歪长石）、方钠石（代替了霞石）、霓辉石、黑云母、角闪石
	方沸石	方沸正长岩	以碱性长石为主，方沸石（代替了霞石，约10%）、碱性角闪石、霓辉石（有时为钛普通辉石和霓石）
	钙霞石	钙霞正长岩	钾长石为主，其次为钙霞石（代替霞石）、霓石和霓辉石
钠长石	霞石	钠霞正长岩	钠长石为主，霞石，呈板状，略具平行排列，锆石有时会成为次要矿物，此外还有霓石、铁锂云母
歪长石		歪霞正长岩	以歪长石为主（约占1/5～2/3），其他成分为霞石、方钠石、碱性暗色矿物等

思　考　题

1. 什么是碱性岩？在矿物组成上有什么特征？
2. 含似长石的碱性岩中有石英吗？为什么？

实验 11　脉岩类（2 学时）

一、目的

掌握未分脉岩和二分脉岩的概念，掌握煌斑岩类脉岩的矿物组成、结构、构造和矿物成分特征及其分类命名原则。

二、内容和要求

1. 课前准备

课前学生要复习《岩石学》第九章有关煌斑岩类的内容，教员应对未分脉岩和二分脉岩的概念和成因进行介绍，重点对煌斑岩与一般火成岩的区别进行总结。

2. 实验材料

手标本及薄片：①闪斜煌斑岩；②云煌岩；③花岗细晶岩；④文象伟晶岩。

3. 要求

详细鉴定云煌岩，编写实验报告，参观闪斜煌斑岩、花岗细晶岩及文象伟晶岩。

三、提示

（1）成岩脉产状产出的火成山脉岩性类型很多，但大部分岩脉，如辉绿岩脉、闪长玢岩脉和花岗斑岩脉等，都能找到矿物组成和化学组成与其相似的大型侵入岩体，这些岩脉也常与其成分对应的岩体在空间和时间上密切共生，与共生的侵入体具成因上的联系，通常把它们称为未分脉岩。而有些脉岩在矿物组成和化学组成上找不到相对应的侵入岩，且在产出时间和空间上也不一定和大型侵入岩共生，称为二分脉岩，如煌斑岩、钾镁煌斑岩等。

（2）煌斑岩的典型特征是暗色矿物多，且为自形晶或自形斑晶，称为煌斑结构，含水矿物角闪石和黑云母含量高，岩石蚀变较强烈，如绿泥石化，碳酸岩化和高岭土化等（图2－12）。

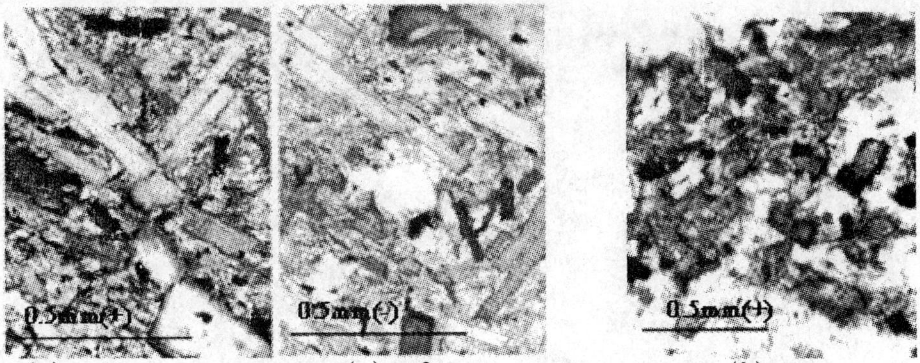

（a）－1　（a）－2　（b）

图2－12　云煌岩（a）－1、（a）－2和闪斜煌斑岩（b）的镜下特征

暗色矿物含量高，成自形晶或自形斑晶

（3）煌斑岩的分类命名主要考虑暗色矿物种属、长石类型和是否含似长石等因素，可参考表 2－7。

表 2－7　煌斑岩分类简表

长石类 / 镁铁矿物	正长石为主	斜长石为主	似长石
黑云母	云煌岩	斜云煌岩	黄长煌斑岩
普通角闪石（或）及辉石	闪辉正煌岩（正煌岩）	斜闪煌斑岩 拉辉煌斑岩	
棕闪石＋钛辉石	棕闪正煌岩	棕闪煌斑岩	碱煌岩

思　考　题

1. 何为二分脉岩和未分脉岩？列举几例你所知道的二分脉岩。
2. 煌斑岩的主要特征是什么？如何与正常的基性岩脉（如辉绿岩）区分？

第三章

沉积岩实验

单元1　沉积岩的一般特征

实验1　沉积构造（2学时）

一、目的

熟悉沉积岩常见沉积构造的宏观形态和显现机理，学习常见沉积构造的观察、度量和描述方法，加深对沉积构造形成过程及其地质意义的理解。

二、内容和要求

1. 物理构造

（1）层理构造：水平层理、平行层理、各种交错层理、波状层理、脉状层理、透镜状层理、粒序层理、韵律层理、包卷层理。

（2）顶面和底面构造：波痕、干裂、雨痕、冲刷构造、槽模、重荷模。

2. 化学构造

假晶和晶痕、鸟眼构造、缝合线、结核。

3. 生物构造

虫孔（潜穴）、爬迹、藻叠层、植物根痕。

要求在预习教材有关内容的基础上，对照实物仔细观察并按如下内容做好文字记录：沉积构造名称，赋存岩石的岩性（颜色、成分、粒度等），产出部位（层内、顶面或底面），构造形态特点。

三、提示

对任何沉积构造，除需注意观察它们的整体形态外，还需注意它们的大小和规模，如纹层（层理中的细层，藻叠层中的纹层）厚度，层系厚度，交错层理交错角大小，波痕指数，槽模高宽及密集度，冲刷面、缝合线等的起伏规模，干裂的垂直深度和水平宽度，晶痕、鸟眼、结核，虫孔的大小、多少等等。对各种层理构造、冲刷构造、包卷层理、鸟眼构造、结核、藻叠层等，还需注意它们在粒度、成分或颜色方面的变化。

有些沉积构造可指示古水流方向，如槽模、不对称波痕、大多数交错层理等等；有些沉积构造可指示岩层的顶底面，如振荡波痕、干裂、槽模、部分交错层理、大多数粒序层理、柱状叠层石等等，观察时应注意这些特征。

思　考　题

1. 下列构造有何异同点：

槽模和重荷模，水平层理和平行层理，结核和鸟眼，层纹石和水平－微波状层理。

2. 为什么大多数交错层理可以指示古水流方向，槽模和柱状叠层石可以指示岩层顶底面？

实验 2　沉积岩常见造岩矿物（2 学时）

一、目的

熟悉沉积岩常见造岩矿物的肉眼和显微镜的鉴定特征和鉴定方法。

二、内容和要求

（1）常见它生矿物：石英、长石、白云母；

（2）常见自生矿物：方解石、白云石、石英、长石、玉髓、海绿石、石膏。

要求按手标本和光性矿物学系统鉴定的方法对上述矿物做详细观察，并按手标本鉴定和薄片鉴定的顺序分别描述各种矿物的主要鉴定特征。

三、提示

1. 手标本观察

它生矿物又称碎屑矿物，常具颗粒状碎屑外形，均呈机械方式堆积在一起。可据光泽和有无解理区分碎屑石英和碎屑长石。石英呈烟灰色或灰白色，有时因表面被铁质染色而呈暗红色，但均有典型的油脂光泽。长石多呈板状，也可呈粒状，新鲜时具玻璃光泽，风化后常呈土状且可被小刀刻成粉末。但手标本中不易区分碎屑钾长石和斜长石，按颜色区分常常不可靠。白云母呈细小的片状，银白色，具玻璃光泽。

自生矿物多产在自生沉积岩中。产在陆源碎屑岩中的自生矿物大多以胶结物或交代矿物形式出现。自生沉积岩手标本中的自生矿物可按集合体观察。方解石和白云石常呈粒状，多呈白或浅灰白色，解理面十分发育，玻璃光泽，小刀可以划出白色的痕迹。但当粒度十分细小（泥级）时，无论方解石还是白云石都看不到玻璃光泽（黯淡无光泽）和解理面，但集合体仍容易被小刀刻划。常温下，方解石与稀盐酸反应迅速，白云石只有粉末才与稀盐酸反应。玉髓无光泽或呈黯淡的蜡状光泽。石膏可呈板状、柱状、粒状或针状、纤维状等，无色透明，有两组解理，玻璃光泽或珍珠光泽，纤维状集合体呈丝绢光泽，硬度很小（小于方解石）。胶结物海绿石为绿色鳞片状集合体，小刀可刻成近白色的粉末，风化后易氧化成褐铁矿。胶结物方解石、白云石可滴稀盐酸检验。胶结物石英、长石通常是碎屑石英和长石的加大边，只能在薄片中才能识别。

2. 薄片观察

石英：无色透明，表面光洁，低正突起，无解理，最高干涉色一级黄白，性质稳定，无任何风化蚀变现象。它生石英常为等轴粒状或稍呈一个方向伸长，可含尘点状、针状、短柱状或片状包裹体，有时有裂纹或波状消光。碎屑岩中的自生石英多是碎屑石英的加大边，偶尔也呈全自形的三方柱状出现（在碳酸盐岩中更是如此）。硅质岩中由玉髓转化而来的自生石英呈镶嵌粒状。

长石：常见的碎屑长石为钾长石（多为正长石、微斜长石、条纹长石）及酸性斜长石（钠长石、更长石），有时仍具板状形态。根据特殊的双晶、条纹、环带、蠕英构造、解理和易高岭土化或绢云母化等，不难将长石与石英区分。高岭土多为极细小的尘点状，通常没有光性反应，故高岭土化的长石常常显得较污浊；绢云母为鳞片状集合体，较透明，干涉色最高可达二级，常见一级黄白，故绢云母化的长石在正交偏光显微镜下可呈现出一些闪亮的小点。钾长石比较容易高岭土化，斜长石比较容易绢云母化，不过相反的情况也经常可见。

常见的自生长石也多呈加大边形式环绕在碎屑长石周边，其中大多是由粘土矿物转化而来，含杂质较多而显得污浊。确切地说，这是碎屑长石的交代边，是交代粘土矿物形成的。只有干净透亮的加大边才是真正的加大边。偶尔也有全自形的板柱状自生长石产出。白云母性质稳定，常无色透明，片状，具一组极完全解理。垂直解理面的切面有很明显的低正—中正闪突起，干涉色最高达二级上部，很鲜艳。

方解石和白云石：两者的光性十分接近，当晶体大小粗于泥晶级时，都有很强的闪突起和典型的高级白干涉色。在未重结晶或重结晶不强的碳酸盐岩中，白云石常常以菱面体自形晶产出，薄片中为菱形或平行四边形，有时还有由杂质构成的雾心或/和环带；当这种菱面体彼此镶嵌使晶体生长受到限制时，菱面体将会不同程度地变形，但仍可看出菱面体的痕迹。方解石很少具有这样的形态（除非方解石交代了菱面体白云石）。胶结物方解石常呈针状、纤维状或叶片状，也可呈非规则粒状。然而非菱面体形的白云石也是常见的，为了能确切鉴别它们，现在通常用茜素红－S对薄片染色，方解石可染成红色，而白云石不染色。当方解石或白云石晶体较粗大时（多因重结晶的缘故），若一个晶体同时发育有聚片双晶和菱形解理，那就可以观察聚片双晶纹和菱形解理对角线的关系，聚片双晶纹平行长对角线时为方解石，平行短对角线时为白云石。但这一方法只对该晶体有效。陆源碎屑岩中的方解石和白云石一般都是基质或胶结物，只有在砾岩或极少数砂岩中才有可能以陆源碎屑形式出现，也可按上述办法鉴别。

玉髓：无色或稍带褐色，低负突起，晶体轮廓不固定，在正交偏光显微镜下静止物台上常见纤状、扇状、放射状集合体或为边界弯弯曲曲的泥晶－极细晶级粒状，随物台转动，其边界可在附近小范围内呈扩散、收聚式移动，最高干涉色为一级灰白。纤状玉髓的延性可正可负，分别称为正玉髓和负玉髓。玉髓易失水重结晶成镶嵌粒状石英，轮廓遂固定。

海绿石：新鲜者呈深浅不同的绿色，氧化后呈红褐色，多为鳞片状集合体。集合体呈颗粒状或填隙状。因其颜色较深，一般难辨其干涉色。海绿石有典型的集合偏光现象，即由极细小的单一矿物相构成的集合体在正交偏光显微镜下不消光（仍为绿色），因为这些细小微粒在集合体内的空间取向是随机的。从统计学上说，物台处在任何位置，总有大致相等的颗粒数不处在消光位。这种现象一般只有当集合体内矿物颗粒小到不易辨别时才比较典型。在沉积岩中，具有这种现象的还有泥晶碳酸盐矿物及各种粘土矿物和绿泥石等。

石膏：无色透明，板状、粒状、小柱状或针状、纤维状，低负突起，两组完全解理，板柱状晶体可发育燕尾双晶，最高干涉色一级黄白。在蒸发岩和萨勃哈型白云岩中常见，也可作为碎屑岩的胶结物。脱水后变成硬石膏。硬石膏呈低正突起，干涉色可达三级。

思考题

1. 在什么样的条件下方解石和白云石可成为它生矿物？海绿石可成为它生矿物吗？为什么？

2. 在偏光显微镜下如何区分下列矿物：

长石和石英，长石和石膏，粒状玉髓和石英，方解石和白云石。

3. 什么是集合偏光现象？为什么会有这种现象出现？

单元2　陆源碎屑岩

实验3　砾岩（2学时）

一、目的

掌握砾岩和角砾岩肉眼和偏光显微镜观察要点及描述方法，领会形成条件和形成过程对砾岩、角砾岩成分和结构的控制作用。

二、内容和要求

手标本：①石英岩砾岩；②复成分砾岩；③粘土质钙质胶结石灰岩角砾岩；④砂质砾岩。

薄片：石英岩砾岩。

要求重点观察手标本，注意砾岩和角砾岩、单成分和复成分砾岩的区别。对石英岩砾岩手标本和薄片做详细文字描述（可附素描图）。

三、提示

1．手标本观察

砾岩的结构由主要砾石的粒级和圆度决定。观察时应注意砾石的形态（等轴、扁平或其他形状）以及最大、最小及主要砾石的粒度（或范围），并据此判断分选程度。磨圆度也应根据大多数砾石的圆度来确定。在估计砾石含量时，注意其支撑类型，进而观察相邻砾石的接触关系。当砾石为扁平状或长条状时，要注意最大扁平面和长轴的定向性，有无叠瓦状构造，叠瓦角的大小或其他定向构造。

砾石常是岩石碎屑，在细砾岩或填隙物中也有不少单晶体碎屑。观察成分主要是观察砾石的成分。如果砾石内部结构过细，肉眼不能准确鉴别其岩石类型，可根据颜色、断口、光泽、硬度等整体特征推测其所属大类，如花岗岩、中酸性火山岩、石灰岩等等。原则上，不同岩性的砾石要分别估计含量，也可用主要、其次、少量或较多、较少、偶见等程度词表述。填隙物是泛指砾石颗粒之间的物质，可能是基质和胶结物，也可能只是其中之一。特征明显时，应尽量将它们分开；如有困难，也可不必严格区分。常见胶结物为硅质、钙质和铁质。粘土基质在重结晶过程中也可将砾石胶结起来。对砂质砾岩中砂基的观察，可参考砂岩部分。

2. 薄片观察

砾岩薄片观察主要是为了确切鉴定砾石的种类，详细研究填隙物的成分、结构、颗粒之间的关系以及其他自生变化。由于砾石成分可以是任何种类的先成岩石，因此鉴定砾石种类就需要全面了解各种岩石的主要鉴定特征。观察时一般采用较低倍率的镜头。当砾石较粗大时，注意不要将砾石和填隙物混淆，这时可先用肉眼观察薄片，待确定了它们的相对位置和大致范围后再放在显微镜下观察（图3－1）。 由于砾岩粒度很粗，所有观察（粒度、成分、结构等等）原则上都应尽量在现场（野外露头）完成。需要采样做进一步研究时，也要根据粒度大小尽量采得大一些。对有代表性的样品还可磨成光面。

图3－1　石英岩细砾岩

单偏光，长边长2mm

思考题

1. 利用砾岩作母岩分析时应注意什么问题？

2. 砾石的圆度、成分和支撑类型有何成因意义？

实验 4　石英砂岩（2 学时）

一、目的

掌握石英砂岩手标本和薄片观察描述方法；了解石英砂岩碎屑成分和结构的一般特征，加深对石英砂岩形成条件的理解。

二、内容和要求

手标本：①海绿石石英砂岩；②铁质石英砂岩；③粘土质石英砂岩；④白云质石英砂岩。

薄片：①海绿石石英砂岩；②白云质石英砂岩。

要求详细观察各种石英砂岩手标本的粒度和成分特征，熟悉海绿石、铁质、粘土质、白云质等常见填隙物的鉴别；学会按砂岩分类原则和一般命名方法对砂岩以完整定名；结合薄片观察，深入了解海绿石石英砂岩的结构和成分（碎屑成分和胶结物成分），并写出鉴定报告。

浏览白云质石英砂岩薄片，重点观察泥晶白云石基质和被白云石交代而成的碎屑残余或碎屑假象。

三、提示

1．手标本观察

观察内容包括颜色、结构、碎屑成分和填隙物成分。

颜色主要与成分有关，如海绿石石英砂岩的绿色和铁质石英砂岩的暗红色，就分别是由海绿石和高铁氧化物所致。

在手标本上观察砂岩结构主要是目估粒度，即区分是粗砂、中砂，还是细砂。估计得准与不准主要是个经验问题，初学者可先与砂样管中的已知粒度对比，再逐渐加深对不同粒级砂岩的整体粒度感的印象，一段时间以后就可对未知砂岩做到“一目了然”。在手标本或露头上目估粒度比在薄片中观察更加可靠，务必切实掌握。

石英砂岩中的石英含量很高，其他碎屑成分极少或难以鉴别。砂岩中石英的特征鉴定标志是它的油脂光泽，铁质石英砂岩中的石英表面敷有一层铁质薄膜而显红色，但仍有典型的油脂光泽。

海绿石的颜色因其阳离子中 Fe^{2+}/Fe^{3+} 比率的不同而不同，Fe^{2+} 含量高时显绿色，氧化后易向褐铁矿转化而呈暗红色。富含粘土基质的石英砂岩一般颜色很浅（除非还含有较多有机质），相对比较疏松，刻下来的粉末也不与稀盐酸反应，有时还可发育假层理。

2．薄片观察

详细观察前应对整块薄片做全面浏览，做到心中有数后再选有代表性的视域做详细观察。观察内容包括结构、碎屑成分和胶结物成分。

结构观察应尽量使用低倍物镜，按粒度、圆度、分选和支撑类型等几个方面进行。单一碎屑的粒度以其切面的最大视直径为准，整个岩石的粒度以大多数碎屑的粒度为准，并以毫米为单位记录岩石主要粒级区间。圆度也应以大多数碎屑颗粒的圆度为准。分选是指碎屑颗粒大小的均匀程度，可对照各分选级别示意图目估。一般岩石的支撑类型有时很难把握，当多数颗粒都彼此分离地“漂浮”在填隙物背景中时，可断定为基质支撑；当胶结类型为典型的孔隙式胶结时，可断定为颗粒支撑；如特征不典型，也可放弃对支撑类型的观察。

石英砂岩的碎屑成分几乎全是单晶石英，仅有很少的长石、燧石岩屑和重矿物。海绿石可呈填隙状（即胶结物），也可呈颗粒状（即自生颗粒）。胶结物除海绿石外还有大量加大边石英，它与碎屑石英间的界线是由尘点状杂质表现出来的（即有痕加大），有时清楚，有时仅隐约可见。加大边是成岩期的产物，在观察沉积特征（粒度、圆度、分选等）时注意不要受它的影响（图3－2）。

当同时鉴定手标本和薄片时，要给岩石完整定名。对砂岩而言，完整的名称应包括颜色、胶结物、碎屑成分、粒度、杂基等几方面，如：暗绿色海绿石胶结石英细砂岩（或简称暗绿色海绿石石英细砂岩）、浅灰色钙质胶结长石石英中砂岩（或简称浅灰色钙质长石石英中砂岩）、深灰色中粒长石岩屑杂砂岩（也可命名为深灰色粘土质长石岩屑中砂岩、泥质长石岩屑中砂岩）。若只对手标本或在野外露头命名，对无法准确鉴别的部分可大致估计，仍给出完整定名，也可将这部分略去只给出简单名称。如胶结物成分不明，就略去胶结物，如称浅灰色长石石英中砂岩等等；如胶结物和碎屑成分都不明就都略去，如称浅灰色中砂岩等等，等详细研究以后再充实或更正。

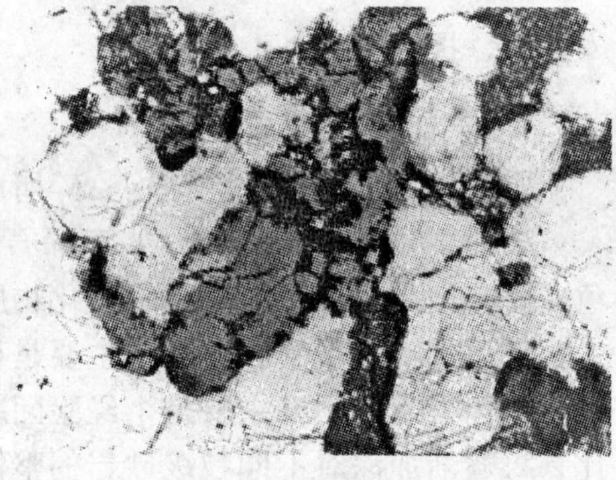

图3－2　海绿石石英砂岩

单偏光，长边长2mm

思 考 题

1. 有哪些地质因素能使砂岩中的碎屑长石减少、碎屑石英增多？

2. 一般石英砂岩的结构和碎屑成分有何特点？反映了一种什么样的形成条件？

实验5 长石砂岩（2学时）

一、目的

熟悉长石砂岩碎屑成分和结构的一般特征；掌握长石砂岩手标本和薄片的观察鉴定要点；学习利用成分成熟度和结构成熟度对岩石形成条件做综合分析。

二、内容和要求

手标本和薄片：长石砂岩。

要求继续练习对砂岩手标本的粒度目估；掌握砂岩手标本中长石碎屑的一般鉴别方法；提交长石砂岩手标本和薄片的详细鉴定报告。

三、提示

1. 手标本观察

长石砂岩可呈各种颜色（红、黄、绿、灰、深灰等等），决定因素除碎屑成分外还有填隙物成分。要仔细区分长石碎屑和石英碎屑并估计其相对含量。

2. 薄片观察

首先观察结构（粒度、分选、磨圆），然后观察成分（碎屑成分和填隙物成分）。在偏光显微镜下区分碎屑长石和石英、钾长石和斜长石一般不困难，但当长石不显双晶时就易与石英相混。这时可注意碎屑外形、解理和有无蚀变现象。岩屑是长石砂岩中的另一常见碎屑成分，它的表现形式是“多晶集合体”或“晶质与玻璃质的集合体”，常常带有母岩岩石的某些结构残余，岩屑种类的鉴定主要就是依据这些晶体或/和这点结构残余。另外，长石砂岩中也常含云母碎屑，白云母、黑云母都有，但黑云母有时已褪色，多色性不明显，只有三级以上的干涉色会保留。相对石英砂岩而言，长石砂岩中的碎屑重矿物可能更多一些，但是含量通常都极少，薄片中常常只能以“个数”计，所以不要误把单一薄片中的重矿物种类和相对丰度看成是整个岩石重矿物的全部特征。

一般砂岩都有比较明显的压实现象，长石砂岩也不例外。观察压实时，可注意碎屑长石有无双晶错动、解理缝变宽，碎屑云母是否被压弯或揉皱，泥质等低强度岩屑有无挤压性变形，相邻碎屑是否已呈似镶嵌聚集等。当压实作用比较强时，粒间孔将变少变小，填隙物含量也就大大降低。长石砂岩中的填隙物许多时候是杂基，主要由粘土矿物构成，在偏光显微镜下除显得污浊外，有时还呈深浅不等的红色（含高价铁离子）。在埋深较大时，这部分粘土可被碎屑长石交代，变成长石的交代边。交代边的晶格与碎屑长石也是连续的，也与后者同时消光，但含杂质多，远不像典型加大边那样干净透明。杂基的存在将减少或完全阻止化学胶结物的沉淀，这时压实和杂基可共同使沉积物固结成岩（图3-3）。但观察时要注意是否有真正意义上的胶结物，杂基是否还有被其他矿物（如方解石）交代的现象。

图3-3　泥质长石砂岩
正交偏光，长边长2mm

思考题

1. 杂基是如何定义的？在偏光显微镜下如何鉴别？
2. 比较长石砂岩和石英砂岩在成分和结构方面的差异。
3. 如何根据长石砂岩的结构成熟度做成因分析？

实验6　岩屑砂岩（2学时）

一、目的

掌握岩屑砂岩手标本和薄片的观察鉴定要点；学习几种常见岩屑的镜下鉴定方法；根据成分和结构特征具体分析岩屑砂岩的形成条件和形成过程。

二、内容和要求

手标本：岩屑砂岩。

薄片：菱铁矿岩屑砂岩、钙质泥质岩屑砂岩。

要求继续目估砂岩的粒度；初步熟悉手标本中岩屑的一般鉴定特点；学习根据岩屑内部成分和残余结构在镜下鉴定岩屑的方法；观察方解石、菱铁矿胶结物的光性；提交手标本和薄片的详细鉴定报告。

三、提示

1. 手标本观察

一般岩屑砂岩的颜色比其他成分的砂岩要暗一些。单个岩屑大多是结构细腻或富含隐晶质或玻璃质（非晶质）岩石在风化条件下的破碎产物，通常呈深暗的红、绿、灰、黑等颜色，没有光泽，可用放大镜仔细观察。注意岩屑与石英、长石等的区别。

2. 薄片观察

首先观察碎屑颗粒，估计碎屑总含量，注意其结构特征（粒度、磨圆、分选等）。碎屑成分中除岩屑外，还有晶体碎屑，要求估计晶体碎屑的相对含量，确定所鉴定岩石是否属岩屑砂岩，并进一步观察岩屑的类型。岩屑类型较复杂，观察时可随时做好记录，待正式描述时再按岩浆岩、变质岩和沉积岩三大类归纳。观察过程中，应注意碎屑与胶结物的关系。

然后观察胶结物菱铁矿的特征，包括颜色、形态、粒度、突起（闪突起不明显）和干涉色，并与其他碳酸盐矿物、尤其是与白云石对比。具十字消光影的放射球粒也是菱铁矿。注意菱形菱铁矿自形晶与球粒菱铁矿间的关系。在粒间还有方解石胶结物，注意菱铁矿和方解石的分布特点。

菱铁矿岩屑砂岩如图 3－4 所示。

图 3－4　菱铁矿岩屑砂岩

正交偏光，长边长 2mm

思 考 题

1. 砂岩和砾岩中的岩屑有哪些不同？为什么会有这些不同？

2. 无论是砂岩还是砾岩，其中的岩屑都是母岩岩石类型的直接反映，能将岩屑类型和母岩岩石类型等同起来吗？为什么？

3. 根据所观察样品的结构和成分特点，试分析本岩屑砂岩的形成条件和形成过程。

实验7　粉砂岩和泥质岩（2学时）

一、目的

掌握粉砂岩、泥质岩手标本和粉砂岩薄片观察鉴定及其命名方法；了解一般粉砂岩的成分和结构特征。

二、内容和要求

手标本：①粉砂岩；②高岭石粘土岩；③蒙脱石粘土岩；④水云母粘土岩；⑤碳质页岩；⑥油页岩。

薄片：粉砂岩。

要求掌握一般粉砂岩、泥质岩手标本鉴定要点，学会几种重要泥质岩的手标本鉴定和命名方法；详细观察粉砂岩薄片，给出水云母粘土岩、碳质页岩、油页岩、粉砂岩手标本和薄片的详细鉴定报告。

三、提示

1. 手标本的观察

粉砂岩和泥质岩在外貌上很相像，特别是细粉砂岩与泥质岩很难区分，但较粗的粉砂岩总有一定颗粒感，可在砂样管中仔细观察体会。粉砂岩常含许多云母碎片，它们在岩层面上表现为极细小的闪亮细点，这是鉴定粉砂岩的一个重要标志。但也要注意，有少数粉砂岩也可不含或少含云母碎片。若泥质岩中没有或只有很少的粉砂颗粒，用小刀可在边缘切出光滑的平面，手捻切下的粉末可明显感到滑腻。粉砂岩有时硬度很大，小刀难以切割；可以切动时（通常富含泥质），切面也不很光滑，手捻切下的粉末有时虽也可感到滑腻，但同时还会感到其中的细小粉砂颗粒。

自然界中的泥质岩大多是复成分的，发育页理时可称页岩，无页理时可称泥岩。进一步可按颜色或混入物（非粘土成分）命名。单成分泥质岩可称粘土岩，自然界中相对较少。蒙脱石粘土岩遇水急剧膨胀而后崩解是它独特的鉴别标志。高岭石粘土岩手感极为滑腻，吸水不膨胀，颜色以白或浅淡的灰、红色多见，水云母粘土岩则多为浅绿色。

2. 薄片观察

粉砂岩薄片观察与砂岩相似，可仿砂岩观察步骤进行。需要注意的是所有粉砂岩的碎屑分选都很好，而磨圆较差；其中的碎屑长石常常不带双晶，也很少见到解理，与石英很难区别。若云母片较多，除要注意区分黑、白云母外，还要注意它们是否定向排列。对粗粉砂岩，粒间填隙物可以是杂基，也可以是化学胶结物，粉砂岩粒间孔很小（图3-5），观察时可换用中倍或中高倍物镜；对细粉砂岩，粒间填隙物通常都是泥质（主要是粘土），这时也不再称它为杂基，因为细粉砂和粘土具有大致相同的水力学行为，属于同一种结构组分，故在成分描述时，只需分别描述粉砂和泥质两个部分。

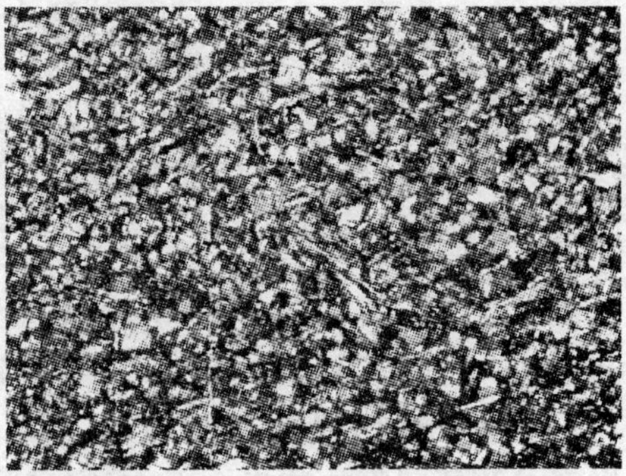

图3-5 粉砂岩

单偏光，长边长2mm

思考题

1. 在手标本上如何区分粉砂岩和泥质岩？

2. 比较粉砂岩和砂岩在成分和结构上的异同。

3. 为什么粉砂岩比砂岩更富含碎屑云母？

4. 粉砂岩中碎屑云母的沉积定向排列和杂乱排列反映了何种沉积作用差异？

单元3　自生沉积岩类

实验8　内碎屑灰岩、泥晶灰岩（2学时）

一、目的

熟悉用稀盐酸检验碳酸盐岩中方解石和白云石相对含量的方法；掌握内碎屑灰岩手标本和薄片观察描述要点；了解碳酸盐泥晶集合体在手标本和薄片中的鉴定特征。

二、内容和要求

手标本：①砾屑灰岩；②泥晶灰岩；③灰质白云岩；④白云岩。

薄片：砾屑灰岩 。

要求仔细观察和比较方解石、白云石相对含量不同的岩石与稀盐酸反应的强度，并了解影响该反应强度的各种因素；掌握泥晶结构在手标本和薄片中的鉴定要点；详细观察砾屑灰岩手标本和薄片，写出详细鉴定报告。

三、提示

1．手标本观察

用滴稀盐酸的方法估计方解石、白云石相对含量时，应避开岩石的裂隙部位，如果反应明显沿一条细线进行，这很可能是一条方解石细脉。这样的检验结果通常都很粗略，误差很大（仅对纯白云岩鉴定较准），反应强度除与方解石、白云石的相对含量有关外，还与岩石中非碳酸盐矿物含量、方解石晶体粒度、整个岩石的孔隙度、渗透性和环境温度等有关。确切鉴定矿物组成至少要在染色薄片中进行。

泥晶灰岩结构致密细腻，表面光泽黯淡，有时有隐约的贝壳状断口，放大镜下也看不到闪亮的矿物解理面。

砾屑灰岩在外貌上与砾岩很相像，形成过程也相似，因而可参照砾岩观察它的结构特点（砾屑粒度、分选、磨圆、形态、定向性等）。砾屑本身大都为泥晶质或以泥晶为主（可含部分自生颗粒），有时表面有一圈厚薄不等的红色氧化圈，粒度较细时可全部氧化成红色。粒间填隙物较粗糙，用放大镜可见矿物的解理面，据此可以推测为亮晶胶结物。但要注意，这样的推测有时并不可靠，因为泥晶基质若白云石化，粒度将变粗，放大镜下就可看见白云石的晶面或解理面。当粒间孔较大或砾屑呈基质支撑时，也可使用滴酸法单独检验填隙物的大致矿物组成，而确切的矿物组成至少应在染色薄片中估计或测量。

2. 薄片观察

砾屑灰岩粒度较粗，因而观察砾屑灰岩薄片与观察砾岩薄片一样，也只是为了了解砾屑本身和填隙物的成分以及其他成岩特征。砾屑中有些由生物碎片和泥晶构成，有些则由单纯的泥晶构成，注意这部分泥晶的光性。单个泥晶太细小，显微镜难以分辨，只能观察某个范围内的泥晶集合体。该集合体整体呈浅灰色（氧化后可泛红，富含有机质时可为深灰或灰黑），没有闪突起，正交偏光显微镜下高级白干涉色与单偏光显微镜下的颜色很接近，旋转物台也不消光。这就是典型泥晶碳酸盐的集合偏光现象，是鉴别典型泥晶碳酸盐的极好标志。泥晶很容易重结晶，重结晶粒度在30μm（或20μm）以下时仍可称其为泥晶，但当在偏光显微镜下可以分辨单个晶体时，集合偏光现象将不再典型。

粒间填隙物为泥晶基质，但多已白云石化，仅有少量残留。白云石晶体无色透明，切面呈菱形或近菱形，在没有染色的薄片中这是白云石的一个较好鉴别标志。注意白云石只出现在粒间，但可切过砾屑边界，这说明白云石是在砾屑和泥晶基质沉积以后才形成的，主要是泥晶基质白云石化的产物（图3－6）。估计白云石含量，考虑应该怎样给岩石命名。

图3－6 泥晶砾屑灰岩

单偏光，长边长2mm

思 考 题

1. 内碎屑是如何形成的？在沉积作用过程中它会受到什么样的改造？

2. 砾屑灰岩与砾岩有何异同点？

3. 富含泥晶基质的砾屑灰岩只有泥晶基质白云石化，试分析白云石化发生在岩石固结以前还是在固结以后？

实验9　鲕粒灰岩（2学时）

一、目的

熟悉一般鲕粒灰岩手标本和薄片的观察鉴定要点，掌握不同鲕粒和粒间填隙物类型在偏光显微镜下的鉴别方法。

二、内容和要求

手标本：鲕粒灰岩。

薄片：①鲕粒颗粒灰岩；②渗滤粉砂鲕粒颗粒灰岩。

要求在手标本上能熟练识别出鲕粒，并仔细观察鲕粒的分布特征和大小的均匀程度，估计鲕粒百分含量；在薄片中详细观察鲕粒的内部结构，区分基本鲕粒类型；掌握世代性亮晶胶结物和渗滤粉砂的鉴别方法。给出指定手标本和薄片的详细鉴定报告。

三、提示

1. 手标本观察

可先用滴酸法大致确定岩石的矿物组成。在鲕粒灰岩手标本中识别鲕粒一般不困难，仅凭肉眼就可看出它们是一团深色的形同鱼子的细小颗粒，大小通常很均匀。单个鲕粒大小通常在砂级以内，少数情况可小到粉砂级。有时大小不均匀，最大可达几毫米。注意观察鲕粒的分布特点，是均匀分布还是呈层状富集，或沿交错层理的纹层分布还是或伴随有其他层状特征。有时可以粗略看到破开鲕粒内部的同心状结构。粒间填隙物通常是泥晶基质或亮晶胶结物，也可以是渗滤粉砂。泥晶基质大多色深，黯淡无光泽；亮晶胶结物近白色或浅灰色，有一定透明感，有时可见闪亮的解理面；渗滤粉砂有时像泥晶基质，有时像亮晶胶结物，需要在薄片中才能确切鉴定。

2. 薄片观察

鲕粒颗粒灰岩观察：先浏览整块薄片，观察除鲕粒外是否还有其他颗粒（生物碎屑），估计颗粒的总含量和组成；观察鲕粒大小、鲕核粒度和成分以及包壳特征（相对鲕核的厚度、同心纹的疏密）及变化等，确定鲕粒类型，特别要注意真鲕和表鲕的相对丰度。仔细观察亮晶胶结物的特征：干净透明，第一世代的纤状方解石垂直鲕粒表面生长（栉壳状），可填满狭窄的粒间空隙；第二世代较粗的粒状方解石只出现在较大粒间孔的中央部位，两世代间界线明显（图3-7）。

渗滤粉砂鲕粒颗粒灰岩观察：除按一般鲕粒灰岩观察外，还须观察渗滤粉砂。渗滤粉砂是上层沉积物中的某些易溶成分被淡水溶解后，其中的难溶部分或未溶完的残余被渗透水带到下层粒间孔内聚集而成，构成成分变化较大，大多为粉砂大小的泥晶团或生物碎屑（可以重结晶），以及石英粉砂、丝状或点状有机质或粘土等等，整体仍以方解石为主，有时还可见顺渗流方向发育的纹理。渗滤粉砂与鲕粒（或其他自生颗粒）大都不直接接触，而是被少量亮晶胶结物分隔，这是鉴别渗滤粉砂与泥晶基质的重要标志。其他需要注意的观察要点包括：是否有重力型（或悬挂型）胶结的特点；渗滤粉砂内是否还发育有溶孔，溶孔又被什么充填；是否可以推测有的鲕粒已被完全溶解（可从整体和局部支撑关系或鲕粒分布密度的突变关系考虑）。如图3-8。

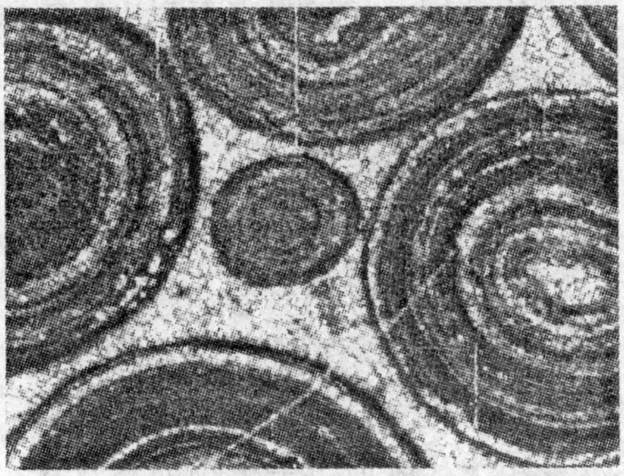

图3-7　鲕粒颗粒灰岩
单偏光，长边长2mm

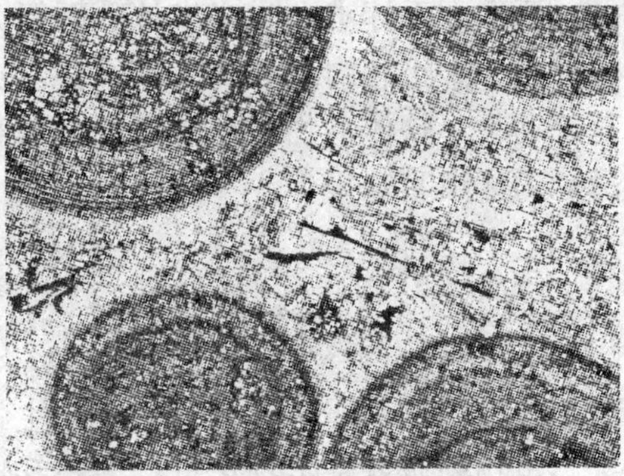

图3-8　渗滤粉砂鲕粒颗粒灰岩
单偏光，长边长2mm

思考题

1. 为什么在许多鲕粒灰岩中，鲕粒核心大小可以不同，但鲕粒大小却是均匀的？

2. 某鲕粒颗粒灰岩不含其他颗粒，所含鲕粒大小和分布都很均匀，鲕核全是石英碎屑；如果鲕粒形成后就地沉积，由此可对该沉积环境的演化做出怎样的判断和解释？

3. 有些鲕粒灰岩中的鲕粒大小相差很大，试从鲕粒的无机成因和成鲕环境与沉积环境间的关系分析造成这种现象的各种可能原因。

4. 渗滤粉砂、重力型胶结等都是渗透淡水的成岩产物，它们的出现揭示了岩石曾经经历过什么样的形成过程?

实验10 生物碎屑灰岩（2学时）

一、目的

掌握生物碎屑灰岩手标本和薄片的观察描述方法。初步熟悉常见生物门类或属种在偏光显微镜下的鉴定特征。

二、内容和要求

手标本和薄片：生物碎屑灰岩。

要求在手标本上学会辨认砂砾级大小的生物碎屑；仔细观察下列生物碎屑的形态、大小和内部结构：有孔虫、介形虫、棘皮动物、三叶虫、腕足动物、苔藓动物、软体动物、粗枝藻，并按相对大小画出素描图；给出指定手标本和薄片的详细鉴定报告。

三、提示

1. 手标本观察

识别生物碎屑必须具有一定古生物学知识。

生物碎屑就是生物化石，大小和形态变化很大，既取决于生物种类及其完整程度（或破碎程度），也取决于它显示出来的部位和方向。对砂级以上大小的完整生物碎屑，识别一般不困难。对砾级、特别是对一般大化石（如腕足、软体等），即使有些破碎，识别也较容易。比较困难的是识别破碎较厉害的砂级大小的碎片。这时需要用放大镜仔细观察。一般生物碎屑的颜色都较浅淡（除有孔虫、䗴等以外），形态大多为粒状，也可以为条状、圆弧状或细丝状（俗称化石毛），这时通常不能对生物种类做进一步鉴定。岩石中的填隙物类型对生物碎屑的识别也有影响，如有孔虫、䗴等微体化石在深色的泥晶基质中就不太容易被发现，而在浅淡的亮晶胶结物中甚至连房室、隔壁等微细构造也清晰可见。

2. 薄片观察

先大体浏览整块薄片，估计生物碎屑总含量和主要粒级；注意哪些生物碎屑较自形，哪些较破碎；分选、磨圆怎样；有无定向排列；有无压实变形；仔细观察粒间填隙物，确定是泥晶基质还是亮晶胶结物。

接着可对生物碎屑做详细观察鉴定。一般只鉴定砂级以上的碎屑，不鉴定粉砂级碎屑（已不可鉴定），但估计含量时应将它们估计在内。鉴定通常到门、纲一级就可以了，不必精确到属、种。鉴定的依据有二：一是生物固有生长形态，包括是单体还是群体，单体大小，壳的厚薄，壳的构造分层、房室、体腔、隔壁、壳饰等等，当生物碎屑为自形—半自形时，这些固有生长形态是鉴定属、种的依据；二是骨骼或外壳的显微结构，包括它的矿物成分，矿物晶体的形态、大小、排列以及结构分层等。当生物碎屑很破碎、生物的固有生长形态已不复存在时，这些显微结构特征就是鉴定生物所属门、纲的依据。常见钙质生物碎屑的鉴定特征如下（图3-9）：

有孔虫（包括䗴）：多为多房室的壳体，个体较小，多在粉砂—砂级范围。房室的排列方式可为平旋、螺旋、包旋或绕旋，形态不一，切面形态变化较大。壳体可为单层式的隐粒、微粒或玻纤结构，也可为外隐粒或微粒、内玻纤或层纤的双层式结构。像有孔虫、䗴这类细小的房室状壳体，机械强度一般较高，常常呈自形或半自形。观察时注意不要把房室内的亮晶充填物误认为是壳体了。

介形虫：双瓣壳，壳长从不足1mm到几毫米，但大多在砂级以内。壳比较薄，单瓣切面常呈细月牙形，具层纤或玻纤结构。由于壳体轻小，故多自形，双瓣绞合在一起的全自形也很常见。

三叶虫：偏光显微镜下多呈散落、破碎状碎片，片体一般较薄。半自形砂砾级切面常为长短不一的飘带状、弯钩状、蛇曲状等等，内部有时有褐色裂纹。有些属种发育有刺。散落的刺为圆管状（纵切）或圆环状（横切）。所有壳体均为典型的玻纤结构。

腕足类：双瓣壳，一般个体较大，较厚，也有小于1mm者。可发育壳皱、疹孔（或假疹孔）或壳刺。常为单层平行片状结构，片较厚，在垂直壳面（垂直方解石片）的切面中表现为较粗的发丝状，发丝平直或弯曲，整体延伸方向与壳面平行或稍斜交。腕足刺也呈长管状或圆环状，亦为平行片状结构。有的腕足类具有外片状内柱状的双层式结构。

苔藓：群体，偏光显微镜下常见单个虫室或多个虫室连成块状、枝状或网状。单个虫室横切面呈圆形、椭圆形或多角形，纵切面呈管状，内部可有横板，也可没有。壳壁或虫室间壁多很薄。壳体结构与种属有关，较常见的是平行片状结构，片很薄，纵切面呈平行壳壁排列的极细的发丝状；有些属种也可为隐—微粒结构或层纤结构。

软体动物：常见瓣鳃类（双壳）、腹足类（螺）和头足类。个体一般较粗大（双壳、腹足也有小于1mm者），均为多晶结构（或称晶粒结构）。瓣鳃类

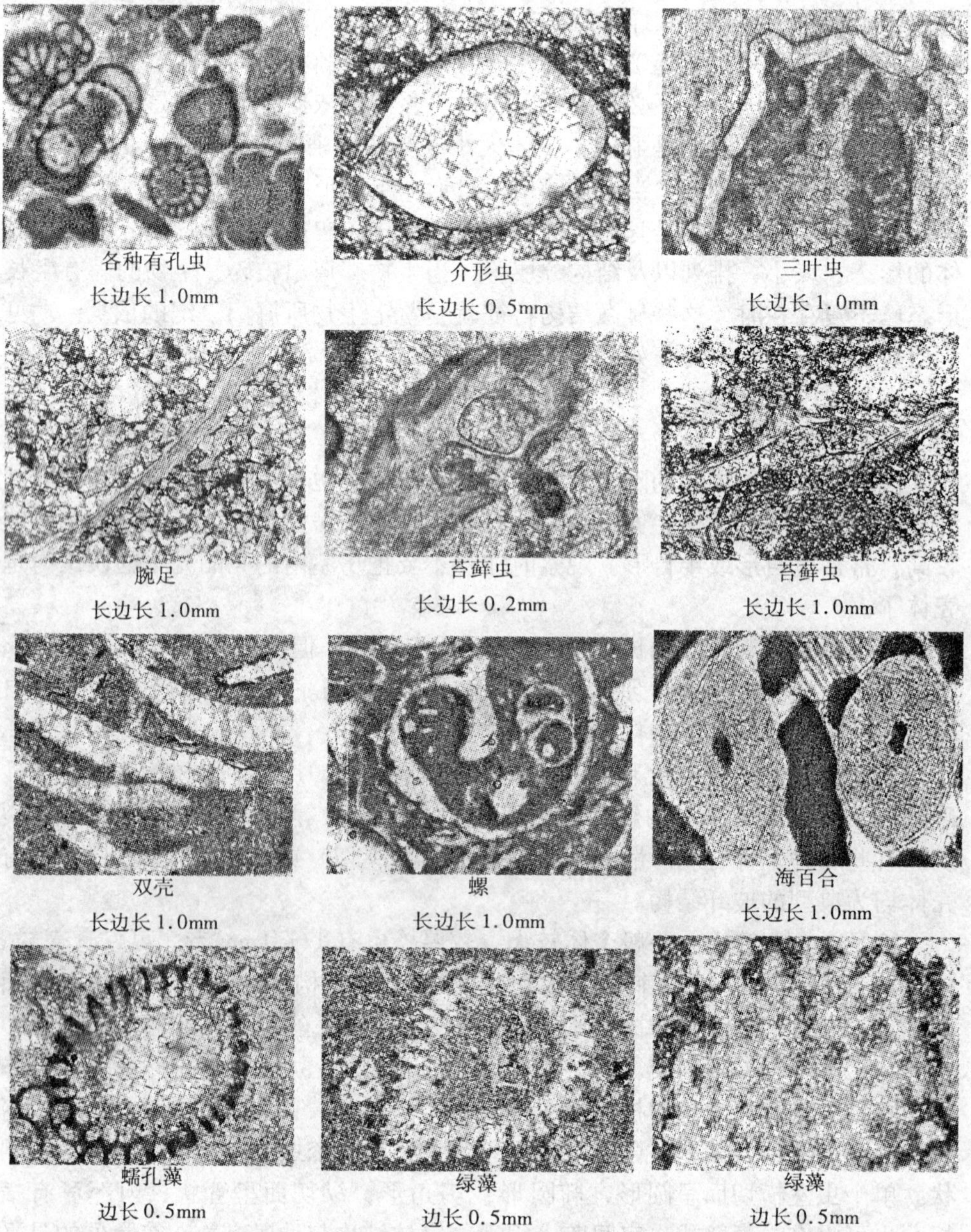

图 3－9　各种生物碎屑

为双瓣绞合壳，壳厚向着绞合部位逐渐增大；可发育壳刺；有时壳面还有一层柱状结构的表层。腹足类多为螺旋式，也有平旋式。壳内无隔壁，碎片的弯曲度较双壳更大一些，厚度很均匀。头足类为直管、弯管或旋转式壳体。相对个体大小而言，壳体比较薄；其最大特征是有隔壁，这使碎片有时有分叉。如果不能确切鉴别，也可统称为软体动物。

棘皮动物：常见的是海百合茎和海胆骨片、海胆刺等。海百合茎多呈分散的茎环出现（类似中国象棋棋子），中央部位有茎孔，大小相差很大，大者以厘米计，小者不到1mm。切面形态取决于自形程度和切面方向，自形时可呈圆形、椭圆形或长方形等。切面内部有时有大量杂乱或规则排列的圆点状凹痕，其内有泥晶方解石附着，这是原软体部分腐烂后留下的痕迹。海胆骨片形态不规则，自形横切面可呈直边多边形。海胆刺形态多样，常见复杂对称图案的圆形横断面。海百合茎和海胆刺都为连生单晶结构，由一个方解石晶体构成，正交偏光显微镜下一致消光。海胆骨片为网格单晶结构，由两个呈网格状交生的方解石晶体构成，正交偏光显微镜下两个方解石交替消光。

海绵骨针：呈单轴、三轴或四轴的放射状，长多在0.1~0.5mm左右。多晶结构。与破碎软体动物的区别是，海绵骨针的每一射均很平直，末端对称地收缩变尖。

粗枝藻：又称伞藻，为绿藻门的一个科，常以节片或叶状体形式出现，外形呈圆柱状、棒状、卵球状、桶状等等，大小多在1~3mm左右，中轴部位常常不钙化（中空状），由泥晶方解石充填。壳壁上有密布的侧枝孔，该孔横切面多为圆形或椭圆形，从壳表垂直地贯通壳壁直达中轴，有些种属则只达壳壁厚度的一半左右。壳体通常都是多晶结构，惟一例外的是蠕孔藻，为隐一微粒结构。注意不同切面（横切面、纵切面、弦切面等）整个节片和侧枝孔的形态。

描述时，不同生物碎屑的相对丰度可以不用百分比量化，而用“主要、其次、较少、少量、偶见”等等形容词或副词修饰。

思 考 题

1. 鉴定生物碎屑灰岩时为什么要鉴定所含生物的种类？

2. 生物碎屑的自形程度和分选性在沉积环境分析中有何意义？怎样观察生物碎屑的磨圆度？什么样的磨圆度肯定有环境意义？

3. 生物碎屑内部空腔（如房室）有时被泥晶基质充填，有时被亮晶胶结物充填，试分析造成这种差异的原因。

实验11　白云岩类（2~4学时）

一、目的

学习运用结晶白云岩手标本的粒度命名法；观察一般薄片和染色薄片中的白云石和方解石；掌握具残余结构白云岩手标本和薄片的观察、鉴定及描述方法。

二、内容和要求

手标本：①白云岩；②残鲕灰质白云岩。

薄片：①白云质灰岩（已用茜素红-S染色）；②残鲕灰质白云岩。

要求初步学会在手标本上目估结晶白云岩的整体结晶粒度和残余颗粒的观察鉴定方法；熟悉染色薄片中白云石和方解石的染色差异；在偏光显微镜下详细观察残余鲕粒结构，区分白云石和方解石，以及白云石的结晶程度和分布特征。提交残鲕灰质白云岩手标本和薄片的详细鉴定报告。

三、提示

1. 手标本观察

用稀盐酸检验所有标本的成分；观察结晶白云岩的粒度；结合酸检验结果给岩石命名。

2. 薄片观察

先参观白云质灰岩薄片，其中方解石已染成红色，白云石不染色。观察并确定原沉积物中相对较容易白云石化和相对不容易白云石化的部分，分别估计方解石和白云石的百分含量。

然后详细观察残鲕灰质白云岩薄片，其中鲕粒已全部白云石化，部分鲕粒还粗略残留有原包壳的同心状圈层，其余鲕粒内部结构已全被破坏，只有原球状外形保留，故岩石整体具有残余鲕粒结构（简称残鲕结构），注意不同鲕粒内部白云石晶体的形态，有否雾心。注意粒间孔中纤—粒状世代性亮晶方解石胶结物，这里白云石化相对较弱或没有白云石化。估计白云石和方解石的百分含量（鲕粒含量大致就等于白云石含量）。残鲕灰质白云岩如图3-10所示。

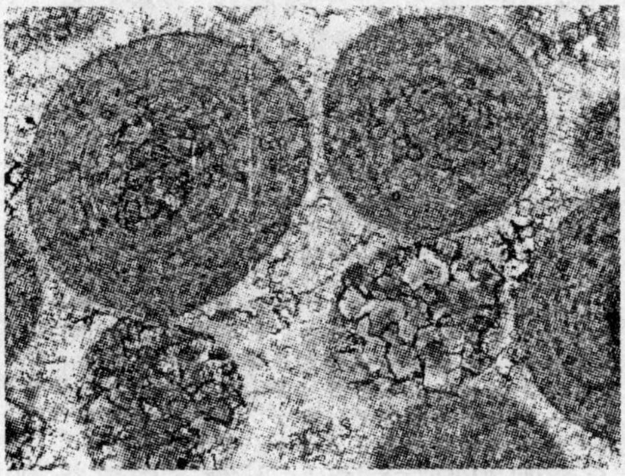

图 3－10　残鲕灰质白云岩

单偏光，长边长 2mm

思　考　题

1. 在白云石化过程中，原沉积物中的某些成分（如泥晶基质）更容易白云石化，而另一部分（如生物碎屑）则相对不容易白云石化，这种现象称为选择性白云石化。试分析原始碳酸盐沉积物中对白云石化有利和不利的各种可能因素。

2. 残鲕灰质白云岩中，原鲕粒已全部白云石化，但仍被世代性亮晶方解石胶结，这是不是选择性白云石化？为什么？你认为这时的白云石化最有可能发生在岩石形成作用（包括沉积和成岩作用）的哪个阶段？

实验 12　硅质岩（2 学时）

一、目的

掌握常见硅质岩手标本和薄片的观察、鉴定及描述方法。

二、内容和要求

手标本：①燧石条带白云岩；②燧石岩；③硅藻岩；④鲕粒硅质岩。

薄片：①燧石条带白云岩；②燧石岩；③硅藻岩。

要求学会利用硬度检验法确定常见硅质岩手标本；观察并掌握玉髓和蛋白石的偏光显微镜下鉴定特征（和石英区别）；了解常见硅质岩的结构（和石灰岩比较）；提交燧石岩手标本和薄片的详细鉴定报告。

三、提示

1. 手标本观察

蛋白石质或玉髓质硅质岩（燧石或燧石岩）硬度大（大于小刀），致密，具贝壳状或尖棱状断口，光泽黯淡，如含较多自生石英则有油脂光泽。硅藻岩一般质轻，疏松，有时有极薄的水平纹理，不与稀盐酸反应，当含较多粘土时，易与泥岩相混。准确鉴定硅藻岩需用偏光显微镜或电子显微镜。

2. 薄片观察

观察燧石条带白云岩中的粒状和纤状玉髓，用试板判断纤状玉髓的延性正负，确定是正玉髓还是负玉髓。有的玉髓已重结晶成粒状石英，注意它们的光性差异。燧石岩的结构为泥晶结构或含砂屑泥晶结构，泥晶和砂屑都主要由泥级大小的粒状玉髓构成，但局部粒间孔或收缩裂隙中也有纤状玉髓沉淀（图3－11）。硅藻岩中的硅藻很细小，其矿物组成为蛋白石，突起较高（负突起），可在单偏光显微镜下用中倍率镜头小心寻找，找到后，仔细观察构成矿物的光性和生物学特征（图3－12）。

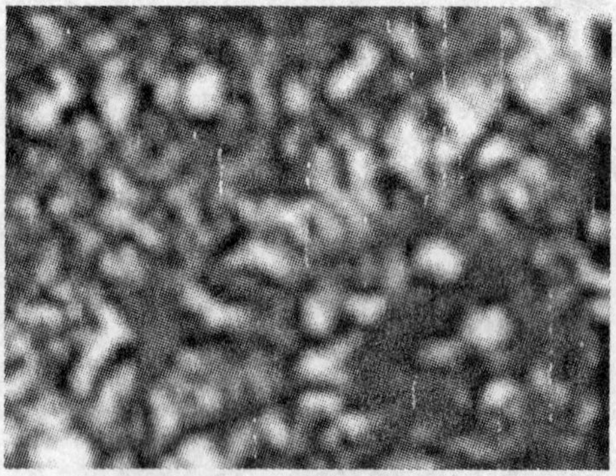

图3－11 玉髓硅质岩

正交偏光，长边长2mm

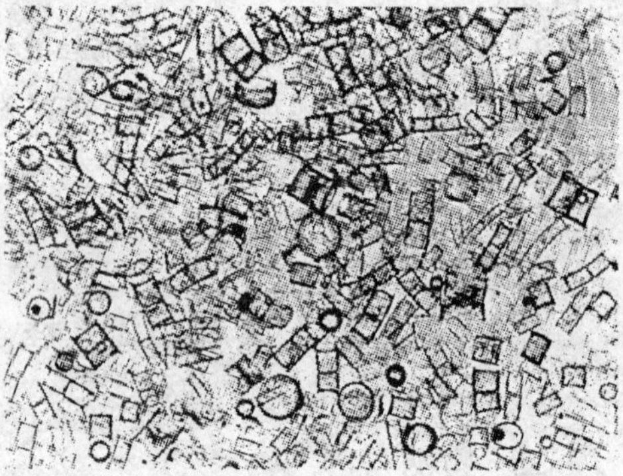

图3－12 硅藻岩

单偏光，长边长2mm

思考题

1. 硅质岩与石灰岩在结构上可以类比，有人认为这反映它们具有相似的成因，也有人认为这反映硅质岩是石灰岩的交代产物，你的看法怎样？

2. 在生物碎屑灰岩中，常见生物碎屑被玉髓或自生石英交代，而基质或胶结物却很少被交代，试分析导致这种现象的原因。

第四章

变质岩实验

单元1　变质岩的基本特征和分类命名

实验1　变质岩手标本（2～4学时）

一、目的

通过第十九章主要部分的讲课与典型的变质岩手标本观察描述相结合，较好地掌握变质岩成分、变晶结构、变质构造等基本特征、变质岩岩相学分类命名原则和变质岩手标本描述方法。

二、内容和要求

1．内容

《岩石学》第十九章主要部分包括：①变质岩的化学成分与化学类型；②变质岩的矿物成分；③变质岩结构构造概述、变晶结构一般特点，反映岩石变质结晶总体特点（变晶粒度、自形程度和形状特征）的变晶结构；④变质构造；⑤变质岩岩相学分类和命名。

2．实验材料

建议使用下列变质岩手标本和薄片（括弧内为产地）：①板岩（黄山店）；②千枚岩（芦化）；③白云母－石英片岩（大别山）；④黑云母－斜长石片麻岩（建屏）；⑤红柱石角岩（温泉）；⑥橄榄石大理岩（周口店）；⑦绿片岩（东海）；⑧绿帘角闪岩（大别山）；⑨角闪岩（桃科）；⑩蛇纹岩（延吉）。

3．要求

（1）理解讲课内容、掌握变质岩岩相学分类命名原则和方法。

（2）描述上述手标本的结构构造并初步命名。如考虑用4学时，则要求对上述手标本全面描述。

三、提示

（1）矿物肉眼鉴定可参考附录1。

（2）图4-1可帮助掌握变晶结构（blastic texture）。

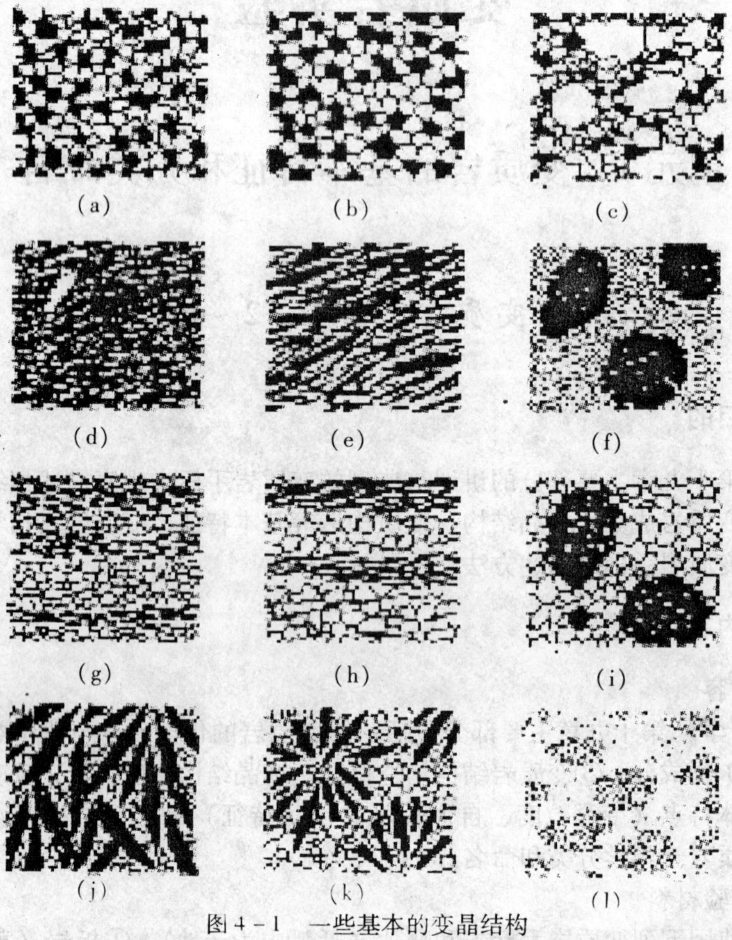

图4-1　一些基本的变晶结构

（据J. P. Bard，1987；转引自陈能松，1990）

（a）他形等粒花岗变晶结构；（b）花岗变晶多边形结构；（c）不等粒花岗变晶结构；（d）鳞片变晶结构；（c）纤状变晶结构；（f）斑状变晶结构，基质具鳞片变晶结构，变斑晶具残缕结构；（g）鳞片花岗变晶结构；（h）纤状花岗变晶结构；（i）斑状变晶结构，基质具花岗变晶结构，变斑晶具筛状结构；（j）斑状变晶结构，基质具花岗变晶结构，变斑晶为束状结构；（k）斑状变晶结构，基质具花岗变晶结构，变斑晶为花瓣状结构；（l）变余泥质结构，比例棒为1mm

（3）对变质岩鉴定而言，区分板状（slaty）、千枚状（phyllitic）、片状（schistose）、片麻状（gneissose）等不同的定向构造是关键，可从结晶程度（变余结构构造是否发育、肉眼能否识别矿物）、定向是否连续、沿面理劈开的难易程度、劈开面平整光滑程度、是否发育折劈、微褶皱和扭折带等方面加以区分。

思考题

1. 区分：①变斑晶、变余斑晶、碎斑；②板状构造、千枚状构造、片状构造、片麻状构造。

2. 比较：①绿岩、绿片岩、钠长－绿帘角岩、青磐岩；②钙硅酸盐角岩、钙硅酸盐粒岩、夕卡岩、榴辉岩；③白云母石英岩、白云母－石英片岩、云英岩、白片岩。

3. 利用《岩石学》第307页表19－2，做出变质岩鉴定的流程图。

单元2　动力变质岩

实验2　动力变质岩（2～4学时）

一、目的

通过第二十一章第一节和第十九章相关内容的讲授与典型的动力变质岩观察描述相结合，较好地掌握动力变质岩基本特征、分类命名和描述方法。

二、内容和要求

1. 内容

动力变质岩一般特点、变形结构、动力变质岩类型、大型剪切带中动力变质岩的分布。内容分布在《岩石学》第二十一章第一节（动力变质岩）和第十九章相关部分（变形结构）。

2. 实验材料

建议采用下列手标本和薄片：①碎裂花岗闪长岩（周口店）；②糜棱岩（秦岭）；③假玄武玻璃（芳畈）。

3. 要求

（1）理解讲课内容、掌握动力变质岩基本特征、分类命名和描述方法。

（2）描述秦岭糜棱岩。如考虑用4学时，则加描述周口店碎裂花岗闪长岩。

三、提示

（1）糜棱岩（myllonite）为教学重点，图4－2可帮助掌握糜棱岩主要类型。图4－3表示了糜棱岩结构构造类型与切面的关系，说明同一个糜棱岩，从不同角度去看，可看到不同结构构造类型。如图4－3所示的糜棱岩，在*A*面上观察，具有眼球状构造、糜棱结构；在*B*面上观察，则具有流状构造、超糜棱结构；而在*C*面上观察，岩石具有条带状构造、超糜棱结构。显然在观察描述糜棱岩时，要有一个统一的参考面。其实，这是观察描述所有面理化岩石的普遍性问题。在观察描述包括糜棱岩在内的面理化岩石时，通常以*XZ*面（平行拉伸线理，垂直面理，如图4－3的*B*面）为参考面。

（2）在动力变质岩观察描述中，搞清变形结构、特别是晶内和晶界变形的结构表现，是非常重要的，因为通过它可了解岩石形成机制。不过，脆性变形与塑性变形不是绝对的。在周口店碎裂花岗闪长岩的碎斑中可看到波状消光、变形双晶、解理弯曲等晶内塑性变形形象，而在秦岭糜棱岩的碎斑中也发育裂纹、碎裂等脆性变形结构。

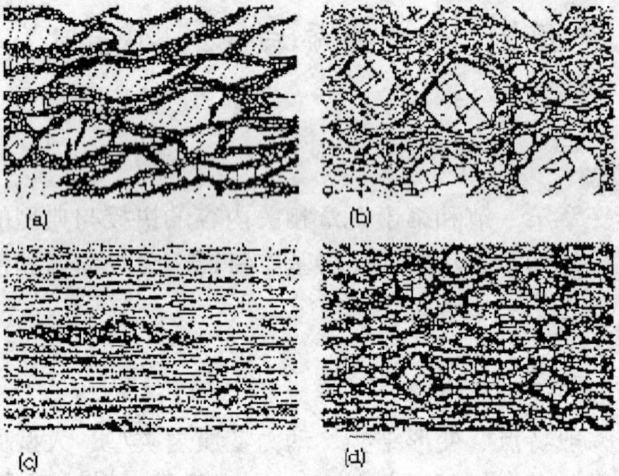

图4－2　糜棱结构主要类型

（据J. P. Bard，1987；转引自陈能松，1990）

（a）初糜棱结构；（b）糜棱结构；（c）超糜棱结构；

（d）变余糜棱结构（基质和碎斑已重结晶）

(3) 实验用的秦岭糜棱岩取自《岩石学》图 21 - 3 所示的著名的蛇尾剪切带剖面，发育很好的丝带结构（ribbon texture）、S - C 组构、旋转碎斑等变形形象，值得花时间好好琢磨。

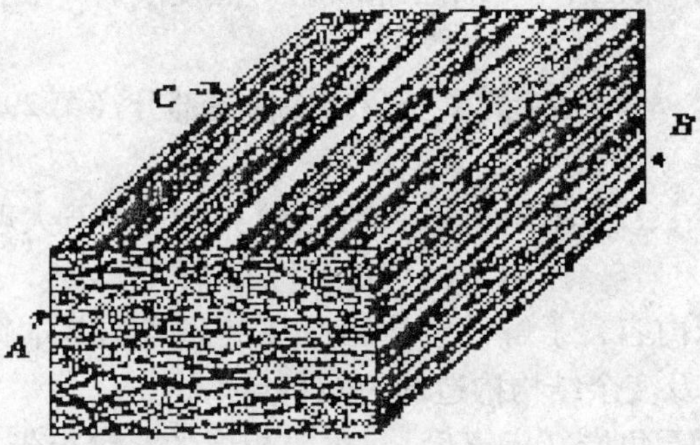

图 4 - 3　糜棱岩结构构造类型与切面的关系

（据 J. P. Bard，1987；转引自陈能松，1990）

A 面：眼球状构造、糜棱结构；*B* 面：流状构造、超糜棱结构；*C* 面：条带状构造、超糜棱结构

思　考　题

1. 比较：①碎裂岩系与糜棱岩系；②千糜岩与千枚岩。
2. 写出秦岭糜棱岩中见到的矿物变形强度系列。
3. 如何区分亚颗粒与重结晶颗粒？

单元 3　接触 - 热变质岩

实验 3　接触 - 热变质岩 1（2 ~ 4 学时）

一、目的

通过讲课和实验相结合，了解低级接触 - 热变质岩的基本特征、主要类型和共生分析方法，以及变余结构构造的一般特点和接触 - 热变质岩的描述方法。

二、内容和要求

1. 内容

(1)《岩石学》第二十一章第二节接触–热变质岩一般特点和钠长–绿帘角岩相部分。

(2)《岩石学》教材第十九章变余结构构造部分(第292~294页)。

2. 实验材料

手标本及薄片:①堇青石角岩(庞家堡);②透闪石大理岩(周口店)。

3. 要求

(1)理解讲课内容,了解低级接触–热变质岩的基本特征、主要类型和共生分析方法,以及变余结构构造的一般特点。

(2)观察堇青石角岩(庞家堡),对照相应的鉴定报告实例(附录4,变质岩鉴定报告实例1)及本指导书第一章,初步掌握接触–热变质岩的描述方法。

(3)描述周口店透闪石大理岩。

(4)认识指示矿物堇青石、透闪石、透辉石。

三、提示

(1)这次实验可看到指示矿物堇青石(Crd)、透闪石(Tr)、透辉石(Di)。其中,堇青石是低 P/T 富铝含铁镁泥质变质岩指示矿物,其温度稳定范围很大,从低温至高温都可出现,伴随含铁量降低;透闪石是低—中温钙质变质岩的指示矿物,在高温条件下不稳定;透辉石在钙质、基性变质岩中出现,则指示中级变质作用的开始,在高温条件下透辉石仍然稳定。它们都有较重要的岩石学意义,通过实验要力求掌握它们的鉴定特征。

(2)在实验用的北京周口店透闪石大理岩中,透闪石多呈针状、纤维状,鉴定这类细长矿物的消光类型、消光角、延性特别重要。部分薄片中有透辉石,根据晶形、消光角等特征不难将其与透闪石区分开。

(3)实验用的这两种岩石,变余层理都很发育,以不同颜色、不同矿物、不同粒度显示出来,在低倍镜下比较容易看出。把薄片拿下来对着光亮直接用肉眼观察,往往更加清楚。

(4)从这次实验起,都要求利用共生分析方法,分析岩石化学类型和热峰条件(变质相、变质带)。这是一个将《岩石学》教材第二十章和各论中所学的关于共生分析的基础理论、基本方法用于实际岩石的过程,对于变质岩学习而言,是非常重要的环节,要给予充分的重视。

思 考 题

1. 说明变余结构构造的一般特点。

2. 简述钠长－绿帘角岩相泥质变质岩、钙质变质岩代表性岩石类型和相应的典型矿物组合。

3. 比较透闪石与透辉石、堇青石与斜长石的光性特征。

4. 实验用的透闪石大理岩中，部分薄片中有透辉石，这说明什么？

5. 做出堇青石角岩（庞家堡）的矿物共生图解。

实验4　接触－热变质岩2（2学时）

一、目的

通过讲课和实验相结合，了解中高级接触－热变质岩的基本特征、主要类型和共生分析方法，初步掌握反应结构的一般特点，理解退变质过程。

二、内容和要求

1. 讲课内容

（1）《岩石学》教材第二十一章第二节普通角闪石角岩相和辉石角岩相部分。

（2）《岩石学》教材第十九章反应结构部分（第297～300页）。

2. 实验材料

手标本及薄片：①红柱石角岩（北京周口店）；②镁橄榄石大理岩（北京周口店）。

3. 要求

（1）理解讲课内容，初步掌握中高级接触－热变质岩的基本特征、主要类型、共生分析和反应结构的一般特点。

（2）观察镁橄榄石大理岩（北京周口店）。

（3）描述红柱石角岩（北京周口店）。

（4）认识指示矿物红柱石、硬绿泥石、镁橄榄石、尖晶石。

三、提示

（1）这次实验可看到指示矿物红柱石（And）、硬绿泥石（Cld）、镁橄榄石（Fo）、尖晶石（Sp）。其中，红柱石是低 P/T、低—中温富铝泥质变质岩指示矿物（只有在很低压条件下可稳定至高温）；硬绿泥石是低温含铁镁富铝泥质变质岩指示矿物；镁橄榄石是钙质、基性、镁质变质岩的中高温指示矿物；尖晶石的出现则指示岩石硅不饱和。它们都有较重要的岩石学意义，通过实验要力求掌握它们的鉴定特征。

（2）对于红柱石的鉴定而言，掌握其横切面特征也很重要。如图 4－4 所示，红柱石横切面为方形。从横切面可清楚看到，它具有近于直交的两组完全解理。不过要记住，这是两组柱面解理（110），因而，在正交偏光显微镜下横切面显示对称消光。红柱石中往往有沿横切面对角线呈十字分布的黑色炭质或石墨包裹体，晶棱位置常有缺口，这种红柱石称为空晶石（图 4－4（b））。

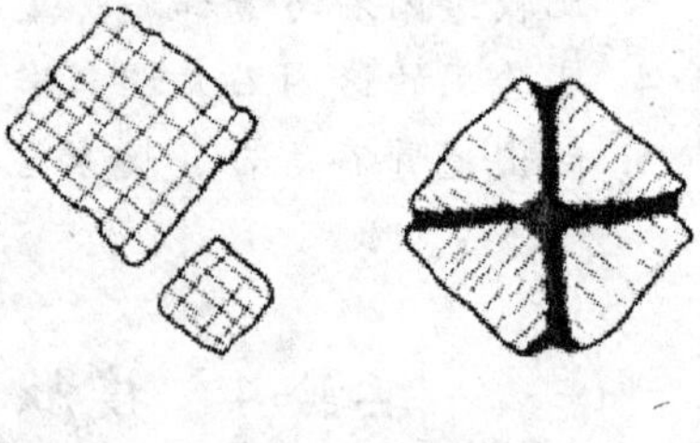

（a）　　　　（b）

图 4－4　红柱石的横切面

（a）红柱石；（b）空晶石

（3）实验用的这两种岩石，反应结构（reaction texture）都很发育。无论是红柱石角岩中红柱石的绢云母化，还是镁橄榄石的蛇纹石化，都是低温矿物交代相对高温矿物，因此这些反应结构都是热峰后退变质（retrograde metamorphism）的表现。在岩石学研究中，利用反应结构推断岩石变质过程中发生的变质反应，区分热峰前矿物残留、热峰矿物组合和热峰后退变质产物是非常重要的，这里需要发挥丰富的想像力和推理能力。当反应较弱时，观察边部特征乃至边界特征很重要。而反应强烈时，重点应观察反应残留的特征。

（4）这一实验单元所用岩石样品多数取自周口店地区，与许多其他地区相比，周口店接触晕（典型剖面见《岩石学》中图 21－5）富铝泥质变质岩矿物组合有其自身的独特性。同学们即将要到周口店进行教学实习，了解这种特殊性是必要的。

思　考　题

1. 对比《岩石学》第十九章反应结构部分，总结说明实验用的两种岩石中看到的代表不同反应强度的各种反应结构，尝试写出反应式。

2. 分析实验用的两种岩石的化学类型、变质相。

3. 做出红柱石典型切面光性方位图，掌握其鉴定特征。

4. 为什么说红柱石“在很低压条件下可稳定至高温”？

5. 什么是“冠状体”？什么是“假象”？

6. 为什么实验用的周口店红柱石角岩中出现硬绿泥石而不出现堇青石？这个岩石中是否有两种绢云母？

7. 与《岩石学》中图 21 - 5 对比，这次实验用的两种岩石和上次实验用的透闪石大理岩分别属于哪个变质带？

实验 5　接触 - 热变质岩 3（2 ~ 4 学时）

一、目的

通过实验，进一步掌握中高级接触 - 热变质岩的基本特征、主要类型和共生分析方法，分析 Al_2SiO_5 多形转变反应结构机制。

二、内容和要求

1. 实验材料

手标本及薄片：①夕线石角岩（周口店）；②硅灰石大理岩（黄山店）。

2. 要求

（1）观察硅灰石大理岩（黄山店）。

（2）描述夕线石角岩（周口店）。

（3）认识指示矿物夕线石、硅灰石。

（4）了解循环反应。

三、提示

（1）这次实验可看到指示矿物夕线石（Sil）、硅灰石（Wo）。前者是低—中 *P/T*、中高温富铝泥质岩指示矿物；后者是低 *P/T*、高温钙质岩石的中高温指示矿物。它们都有较重要的岩石学意义，通过实验，要力求掌握它们的鉴定特征。

（2）对于夕线石的鉴定而言，掌握其横切面特征也很重要。如图 4 - 5 所示，夕线石横切面近于方形。从横切面可清楚看到，它具有一组平行对角线的完全解理。这是一组轴面解理（010），因而，在正交偏光显微

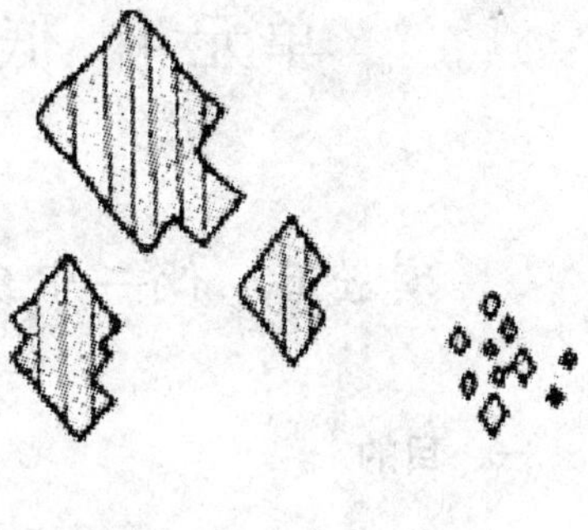

（a）　　（b）

图 4 - 5　夕线石的横切面

（a）夕线石；（b）纤维夕线石

镜下，纵、横切面都显示对解理的平行消光。如同实验用的周口店夕线石角岩中所见，夕线石往往呈纤维状，这种夕线石称为纤维夕线石（fibrolite）。细心观察，可找到如图4－5（b）所示的细小方形横切面，尽管可能看不到解理，但正交偏光显微镜下消光位平行横切面对角线，这是很有鉴定意义的特点。

（3）实验用的周口店夕线石角岩中，夕线石、红柱石（And）与白云母（Ms）之间存在反应关系，这种情况，可以与《岩石学》第十九章第297～299页所讲的苏格兰高地夕线石等变线上见到的循环反应（cyclic reaction）相对比。观察时，可参照上述内容，特别是注意寻找与《岩石学》中图19－11类似的反应结构，有助于理解观察到的夕线石、红柱石与白云母共存的现象。

思 考 题

1. 对比《岩石学》教材第十九章反应结构部分，总结说明实验用的周口店夕线石角岩中看到的各种反应结构，尝试写出相关的循环反应式。

2. 分析实验用的两种岩石的化学类型、变质相。

3. 做出夕线石和硅灰石典型切面光性方位图，掌握其鉴定特征。

4. 与《岩石学》中图21－5对比，这次实验用的两种岩石分别属于哪个变质带?

5. 实验用的周口店夕线石角岩中为什么有石榴石而无堇青石？该岩石中会有钾长石吗?

6. 比较钠长－绿帘角岩相、普通角闪石角岩相、辉石角岩相的泥质变质岩和钙质变质岩。

单元4　低—中 *P/T* 造山变质岩

实验6　低—中级区域变质岩1（2～4学时）

一、目的

通过实验，了解低—中级泥质区域变质岩的基本特征、嵌状变晶结构的主要类型及其特点、区域变质岩的描述方法和共生分析方法。

二、内容和要求

1. 实验材料

手标本及薄片：①十字石－石榴石－白云母片岩（繁峙）；②蓝晶石－镁绿泥石－云母片岩（繁峙）。

2. 要求

（1）观察十字石－石榴石－白云母片岩（繁峙），对照相应的鉴定报告实例（附录4，变质岩鉴定报告实例2）及本指导书第一章，初步掌握区域变质岩的描述方法。

（2）描述蓝晶石－镁绿泥石－云母片岩（繁峙）。

（3）认识指示矿物蓝晶石、十字石、石榴石、镁绿泥石。

三、提示

（1）这次实验可看到指示矿物蓝晶石（Ky）、十字石（St）、石榴石（Gt）、镁绿泥石（Mg－Ch）。其中，石榴石、十字石分别是巴罗式变质带石榴石带、十字石带富铝泥质变质岩指示矿物；尽管蓝晶石是蓝晶石带指示矿物，但在石榴石带已开始出现；绿泥石是低温矿物，随着温度增加，含铁量降低，至石榴石带（绿帘－角闪岩相），绿泥石为镁绿泥石。它们都有较重要的岩石学意义，通过实验要力求掌握它们的鉴定特征。

（2）实验用的十字石－石榴石－白云母片岩（繁峙）中，各类嵌状变晶结构（poikiloblastic texture）发育得非常好。认识这些结构，对于理解变晶之间的包裹关系、变质结晶机制、区分火成岩与变质岩都具有重要的意义。

（3）实验用的蓝晶石－镁绿泥石－云母片岩（繁峙）中，镁绿泥石在手标本上为细小白色鳞片状，单偏光显微镜下无色，很容易与白云母相混。但正交偏光显微镜下根据干涉色、延性等特征，很容易识别。

（4）至这次实验，我们已把 Al_2SiO_5 三种多形变体都看到了。将它们的光性特征做对比，对掌握这些指示矿物大有益处。图4－6将它们的横切面放在一起，可清楚看出它们的差异。这些实验所见到的蓝晶石，由于晶体常呈板状，因此蓝晶石横切面往往也呈长方形，容易与纵切面相混。如图4－6（c）所示，蓝晶石横切面有两组发育程度不等的轴面解理，其中，001 解理完全、010 解理不完全，正交偏光显微镜下近平行消光。但纵切面通常只能看到一个方向解理，除平行 010 切面（该切面可见到 001 完全解理）近平行消光外，通常为斜消光，而平行 100 切面（该切面可见到 010 不完全解理）具有最高干涉色（一级橙）和最大消光角（$Ng \wedge c$ 约 30°）。薄片中这三种切面都可以见到，要注意区分，特别是要注意不要将它们看成不同矿物。

（a）　（b）　（c）　（d）　（e）

图4－6　Al_2SiO_5 矿物的横切面

（a）红柱石　（b）空晶石　（c）南晶石　（d）夕线石　（e）纤维夕线石

思 考 题

1. 做出实验用的蓝晶石－镁绿泥石－云母片岩（繁峙）的共生图解，并分析其原岩和变质相。

2. 比较石榴石带、十字石带、蓝晶石带、夕线石带的泥质变质岩。

3. 做出蓝晶石、十字石典型切面的光性方位图，说明其鉴定特征。

4. 比较红柱石、蓝晶石、夕线石的光性特征。

5. 实验用的蓝晶石－镁绿泥石－云母片岩（繁峙）中的云母是什么云母？

6. 说明描述变晶之间包裹关系的结构类型。

实验7　低—中级区域变质岩2（2～4学时）

一、目的

通过实验，了解低—中级基性区域变质岩的基本特征、主要类型和共生分析方法。

二、内容和要求

1. 实验材料

①绿片岩（东海）；②绿帘角闪岩（大别山）；③角闪岩（桃科）。

2. 要求

（1）观察绿片岩（东海）、绿帘角闪岩（大别山）。

（2）描述角闪岩（桃科）或绿帘角闪岩（大别山）。如4学时则可考虑也描述绿片岩。

（3）初步掌握低—中级基性区域变质岩主要岩石类型及其矿物组合变化特点。

三、提示

（1）基性变质岩是非常重要的变质岩，通常用基性变质岩矿物组合划分变质相，并以基性变质岩岩石名称作为相应变质相的名称。因而，这次实验看到的三类低—中级基性变质岩分别是同名变质相（即绿片岩相、绿帘角闪岩相、角闪岩相）的典型岩石。其中，绿片岩相是低级变质相，角闪岩相是中级变质相，而绿帘角闪岩相属于二者之间的过渡，通常也将它归于低级变质范畴。通过实验，要力求掌握它们的基本特征。

（2）斜长石（Pl）+钙质角闪石（Ca-Am）共生是低—中级基性变质岩最重要的矿物共生。变质级的增加通常伴随斜长石含钙量（号码）增加和钙质角闪石含铝量的增加。在绿片岩相钠长石（$An<5$）与阳起石（Act）共生，在角闪岩相斜长石（$An>20$）与普通角闪石（Hb）共生，而绿帘角闪岩相表现出明显的二者之间过渡性质：两种斜长石与两种钙质角闪石共生。斜长石含钙量（号码）的变化表现为消光角 $Np' \wedge c$（010）的变化；钙质角闪石含铝量的变化表现为 Ng' 颜色的变化和消光角 $Ng' \wedge c$ 的变化，要注意观察描述这些鉴定特征。

（3）阳起石易与普通角闪石相混，注意用肉眼观察的颜色和偏光显微镜下的颜色、多色性和消光角的特征，将二者区分开。绿帘角闪岩的普通角闪石为蓝绿色，而角闪岩的普通角闪石随着变质程度增加，颜色从蓝绿色变为棕绿色，伴随共生斜长石的号码增加。

（4）实验用的角闪岩（桃科）退变质现象较发育，要注意区分热峰矿物组合与热峰后退变质矿物。

思考题

1. 如何区分透闪石与普通角闪石？
2. 比较绿片岩、绿帘角闪岩、角闪岩。
3. 比较透闪石与透辉石、堇青石与斜长石的光性特征。
4. 说明实验用的角闪岩（桃科）的热峰矿物组合与热峰后退变质矿物。
5. 做出绿片岩（东海）、绿帘角闪岩（大别山）和角闪岩（桃科）的矿物共生图解。

6. 为什么说“绿帘角闪岩相是绿片岩相与角闪岩相的过渡”？

7. 绿帘石有哪些鉴定特征？

实验8　高级区域变质岩1（2学时）

一、目的

通过实验，了解高级基性区域变质岩（辉石麻粒岩）的基本特征和共生分析方法。

二、内容和要求

1. 实验材料

手标本及薄片：辉石麻粒岩（庞家堡）。

2. 要求

描述辉石麻粒岩（庞家堡）。

三、提示

（1）高级基性变质岩以斜长石＋二辉石组合代替中级基性变质岩的斜长石＋普通角闪石组合为特征。不过由于相关变质反应是连续反应，且反应物与生成物共存的区间很大，因而在麻粒岩相低温亚相，基性变质岩出现 Pl＋Cpx＋Opx＋Hb＋Gt 的复杂共生，还可出现黑云母（Bi）。

（2）对于基性麻粒岩，紫苏辉石（Hy）是很特征的，根据其独特的多色性、较低的干涉色、纵切面多为平行消光的特点，不难识别。尽管普通角闪石和黑云母并非麻粒岩相特征矿物，但麻粒岩相（低温亚相）的普通角闪石和黑云母具有自身的特点：由于高温，麻粒岩相普通角闪石是含 Ti、Al 高的褐色普通角闪石，而黑云母是含 Mg、Ti 高的红棕色黑云母。对于这些，观察时需特别注意。

（3）薄片中出现的含钛副矿物不是榍石而是金红石，注意区分它们。

（4）实验用的辉石麻粒岩（庞家堡）反应结构非常发育且复杂多样，要注意与《岩石学》中图 22－12、图 19－13、图 19－11 等对比，发挥推理和想像力，努力利用反应结构特点，搞清矿物先后关系，进而用变质反应加以解释。陈能松等（1994）根据北京密云基性麻粒岩的反应结构特点（图 4－7），区分出两个时代主要变质矿物，包括早期 Pl_1、Hy_1、Cpx_1 和晚期 Pl_2、Cpx_2 和

Grt_2（石榴石），推断出相应的与近等压冷却（IBC）轨迹有关的变质反应：$Hy_1 + Pl_1 \rightarrow Grt_2 + Cpx_2 + Pl_2 \pm Qtz$（石英）和 $Cpx_1 + Pl_1 \rightarrow Grt_2 \pm Qtz$，值得借鉴。

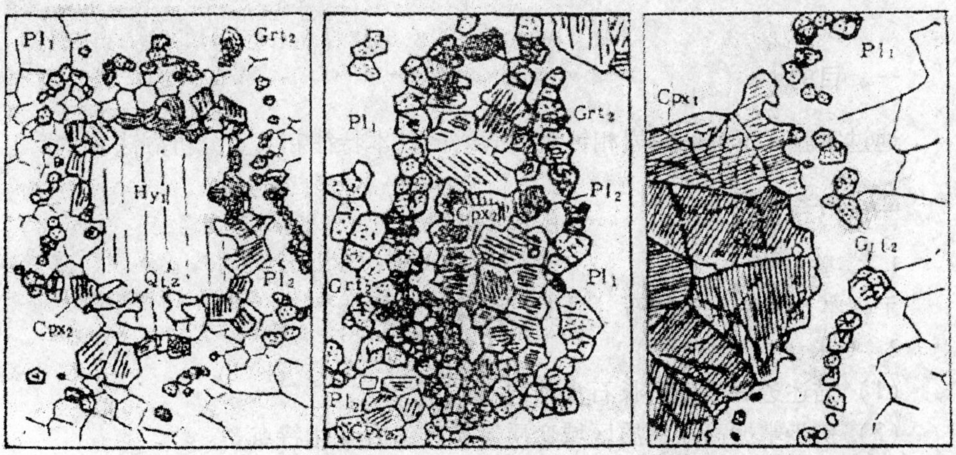

（a）　　（b）　　（c）

图 4－7　密云基性麻粒岩的反应结构素描图

（据陈能松等，1994）

（a）溶蚀状紫苏辉石（Hy_1）依次被单斜辉石（Cpx_2）、斜长石（Pl_2）和石榴石（Grt_2）冠状体环绕；（b）紫苏辉石（Hy_1）全部转变为单斜辉石（Cpx_2），向外依次为 Pl_2 和 Grt_2 冠状体；（c）早期单斜辉石（Cpx_1）边缘呈港湾状，周边为 Grt_2 环绕

思考题

1. 如何区分单斜辉石与普通角闪石？
2. 比较紫苏辉石与单斜辉石光性特征。
3. 比较辉石麻粒岩与角闪岩。
4. 做出实验用的辉石麻粒岩（庞家堡）热峰矿物组合共生图解。
5. 叙述你在实验薄片中所看到的反应结构特点，试写出相应的变质反应。
6. 为什么实验用的辉石麻粒岩（庞家堡）中会出现含水矿物普通角闪石和黑云母？
7. 为什么实验用的辉石麻粒岩（庞家堡）中会出现反条纹长石？
8. 比较金红石与榍石的鉴定特征？

实验9 高级区域变质岩2（2学时）

一、目的

通过实验，了解麻粒岩相钙质变质岩的基本特征和共生分析方法。

二、内容和要求

1. 实验材料

手标本及薄片：透辉石 - 斜长石大理岩（建屏）。

2. 要求

（1）描述透辉石 - 斜长石大理岩（建屏）。

（2）初步掌握高级钙质区域变质岩矿物组合变化特点。

（3）认识变质矿物方柱石。

三、提示

（1）化学成分单一的纯大理岩颜色洁白，广泛用于建筑、装饰和雕塑材料。但对于钙质变质岩共生分析而言，我们则希望找到化学成分不纯的钙质变质岩，它们在变质过程中有较丰富的矿物组合变化。在 *ACF* 图上，其成分点偏离 *C* 角：如混入泥质则往 *A* 方向偏离，出现钙铝硅酸盐矿物；如硅质、白云质含量增高，则往 *F* 方向偏离，出现钙镁硅酸盐矿物。此次实验用的材料，就是一个比较少见的遭受高级变质的不纯钙质岩石。通过实验，要力求掌握它的基本特征。

（2）方解石、白云石通常为无色或白色，但如成分中混入杂质，可为黄、绿、蓝、红等色。此次实验用的建平大理岩，手标本为肉红色，粗看上去很像正长岩。但只要用小刀刻一下，就不难看出是大理岩而非正长岩。同样方法也很容易将白色大理岩与石英岩、方解石脉与石英脉分开。

（3）方柱石（Scapolite，缩写 Sca）四方柱状，一轴负晶，化学成分与斜长石类似，但含 Cl、CO_3、SO_4 等挥发分。与斜长石，是由钠长石（Ab）与钙长石（An）的固溶体组成类似，方柱石是由钠柱石（Ma:$Na_4[AlSi_3O_8]_3Cl$）与钙柱石（Me:$Ca_4[Al_2Si_2O_8]_3(CO_3,SO_4)$）的固溶体组成。不难看出，Ma 相当于含 NaCl 的 Ab，而 Me 相当于含 Ca（CO_3，SO_4）的 An。在光性上，随着 Me 含量增加，方柱石的突起增高（从低正突起到中正突起）、干涉色增高（从一级暗灰到三级蓝色）。偏光显微镜下方柱石也易与斜长石相混，但方柱石无聚片双晶，通常突起高于斜长石，平行消光，负延性。实验薄片中方柱石很像白云母，以解理、延性等特点不难将它们分开。要注意观察描述这些鉴定特征。

（4）实验薄片中退变质现象较发育，要注意与退变质相关的结构。区分热峰矿物组合与热峰后退变质矿物。

思 考 题

1. 说明实验用的透辉石－斜长石大理岩（建屏）的热峰矿物组合与热峰后退变质矿物，做出其共生图解，推断其原岩和变质相条件。

2. 如何区分斜长石与方柱石？

3. 比较辉石角岩相与麻粒岩相钙质变质岩矿物共生组合，想一想根据矿物组合能否判断实验用的透辉石－斜长石大理岩（建屏）属于区域变质岩。

实验 10　高级区域变质岩 3（2 学时）

一、目的

通过实验，了解麻粒岩相泥质变质岩的基本特征和共生分析方法。

二、内容和要求

1. 实验材料

手标本及薄片：刚玉－夕线石－正长石片麻岩（建屏）。

2. 要求

（1）描述刚玉－夕线石－正长石片麻岩（建屏）。

（2）了解 SiO_2 对矿物共生组合的影响。

（3）认识指示矿物刚玉。

三、提示

（1）大家知道，对普通的泥质变质岩（通常含石英）而言，在高级变质条件下，白云母不稳定，将与石英反应生成正长石（Or）和铝硅酸盐（Sil 或 And）：

$$KAl_2[AlSi_3O_{10}](OH)_2 + SiO_2 = KAlSi_3O_8 + Al_2SiO_5 + H_2O$$

Ms（白云母）　　Q　　Or（正长石）　　Als（铝硅酸盐）

该反应平衡条件参见图 4－8，这是中级与高级变质的临界反应。因而，

Ms + Q 指示低—中级变质，而 Sil（或 And） + Or 是高级变质的特征矿物组合。

但是，如果原岩是 SiO_2 不饱和的泥质岩，由于反应物缺乏石英，在到达上述反应条件下，反应不能发生，Ms 仍然稳定。只有当超越上述反应条件 80℃ ±，Ms 才分解，生成正长石（Or）和刚玉（Corundum，缩写 Co）：

$$KAl_2[AlSi_3O_{10}](OH)_2 = KAlSi_3O_8 + Al_2O_3 + H_2O$$

Ms　　　　　　Or　　　　Co

该反应平衡条件参见图 4 - 8，可见 SiO_2 对岩石的矿物共生的影响。Qr + Co 不仅指示高温条件，而且指示岩石化学成分的硅不饱和和富铝特点。

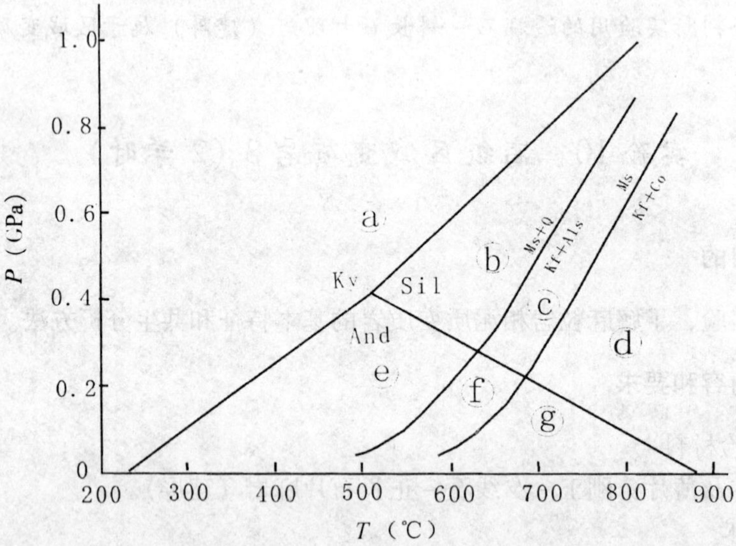

图 4 - 8　KASH 系统成岩格子

（引自 R. Mason，2000）①

（2）刚玉化学式为 Al_2O_3，是最富铝的矿物。通常为浅灰色，若混入少量 Cr 则为红色（红宝石），混入 Fe、Ti 则呈蓝色（蓝宝石）。由于硬度大、化学稳定性高等特性可用作宝石或磨料。根据其特殊晶形、很大的硬度、高正突起、低干涉色、不与石英共生等特点不难识别出来。由于硬度很大难磨至标准厚度，薄片中往往显示极高正突起，干涉色也可达到二级。尤其必须注意的是，刚玉可指示岩石硅不饱和和富铝，但并不指示高温。在低级变质条件下，

① Mason，R.，Metamorphic Petrology. China University of Gosciences，2000

刚玉可在硅不饱和铝质岩中通过硬水铝石分解形成（桑隆康，1988），只有 Co + Or 才指示高温。

（3）此次实验用的薄片夕线石比以往所见的要大得多，要利用这个机会很好地掌握其鉴定特征，特别要注意观察横切面。

思考题

1. 为什么实验用的薄片中出现白云母？为什么可见到条纹微斜长石？
2. 解释一下实验用的材料中为什么出现 Co + Sil + Qr 组合。
3. 分析实验用的岩石变质相及原岩。
4. 设计共生图解表示建平刚玉－夕线石－正长石片麻岩的矿物组合（提示：需考虑 SiO_2 对矿物共生的影响）。

单元5　高 *P/T* 造山变质岩

实验11　蓝片岩和榴辉岩（2～4 学时）

一、目的

通过实验，了解高 *P/T* 区域变质岩主要类型的基本特征、描述方法和共生分析方法，掌握高 *P/T* 区域变质的主要指示矿物鉴定特征。

二、内容和要求

1. 实验材料

手标本及薄片：①蓝片岩（大别山）；②榴辉岩（东海和高桥）。

2. 要求

（1）观察蓝片岩（大别山）、榴辉岩（高桥）。

（2）描述榴辉岩（东海或高桥），若课时为4学时则加描述蓝片岩。

（3）认识指示矿物蓝闪石、绿辉石。

三、提示

（1）蓝片岩相特征矿物是蓝闪石类钠质角闪石，包括蓝闪石（Gl）、青铝闪石（Crs）和镁钠闪石（Mg - Rie），它们构成 Al - Fe^{3+} 连续类质同象系列，常统称为蓝（色角）闪石（blue amphibole）。蓝（色角）闪石在手标本上呈蓝黑色，它们的存在使岩石带蓝色，因而含蓝闪石的片岩统称为蓝片岩（blueschist）。

（2）在偏光显微镜下蓝（色角）闪石中蓝闪石（Gl）与青铝闪石（Crs）不容易区分。它们都具有蓝 - 紫 - 棕褐的多色性、角闪石式解理和小的消光角。但蓝闪石的多色性比青铝闪石弱，颜色较淡，消光角更小（图 4 - 9）。此外，由图 4 - 9 可看出，由于二者光性方位不同（蓝闪石 $b = Nm$，光轴面∥(010)，Ng 与延长方向 c 近平行；青铝闪石 $b = Ng$，光轴面近垂直延长方向 c，Nm 与延长方向 c 近平行），因而，蓝闪石纵切面总是正延性，而青铝闪石纵切面的延性可正可负。特别是对平行消光的纵切面，蓝闪石正延性、青铝闪石负延性，这是二者最明显的区别。

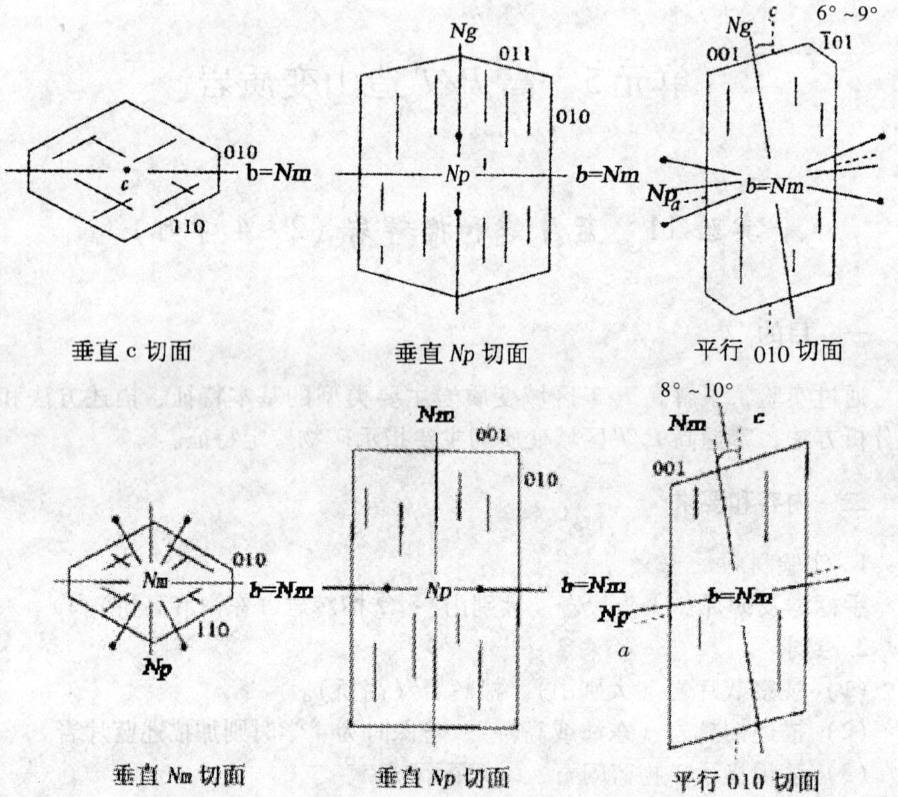

图 4 - 9　蓝闪石（上）和青铝闪石（下）的光性方位

（据 M. J. Hibbard，1995）

（3）绿辉石（Omp）是榴辉岩的指示矿物。化学成分上，绿辉石（Omp）可看作富铝含钠的钙质单斜辉石（透辉石，普通辉石）。手标本上绿辉石（Omp）呈草绿色，在偏光显微镜下呈淡绿色，不与斜长石共生，这是它的最大鉴定特征。要多观察并记住绿辉石的肉眼和在偏光显微镜下的颜色。高桥榴辉岩与东海榴辉岩的绿辉石晶形不同，东海榴辉岩的绿辉石呈粒状，较粗。而高桥榴辉岩的绿辉石呈长柱状，不小心易看作为普通角闪石，但根据多色性不明显、消光角大等特征不难识别。

（4）造山带中形成于下地壳—地幔深度的高压—超高压变质岩，由于后期构造作用及岩浆作用被抬升到地表，在这个近等温降压（ITD）过程中，必然会发生再平衡而形成各种 ITD 型反应结构，这在榴辉岩相岩石中十分普遍。这次实验用的东海榴辉岩，如图 4－10（a）所示的反应结构十分发育。反应边（冠状体）由十分细小的后成合晶（symplectite）构成，当反应完全时，形成假象，称为后成合晶假象（symplectitic pseudomorph）。不过后成合晶往往如此之小，甚至在高倍显微镜下仍然不能分辨其矿物。此时，要搞清后成合晶往往的矿物组成，需要做电子探针分析。

（5）柯石英（Coe）是超高压榴辉岩等超高压岩石常见的指示矿物。不过，柯石英的发现主要根据结构。据 Smith（1984），Coe 转变为 Q，体积要增加 10%。因此，在含由 Coe 转变而来的 Q 包裹体（Coe 假象）的 Gt、Cpx 等

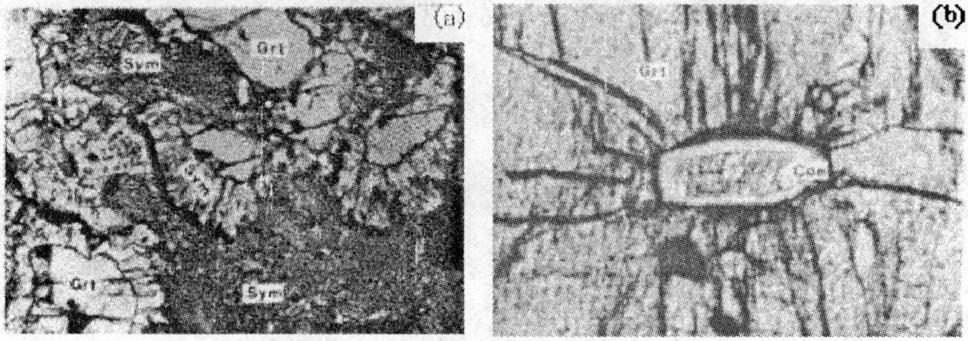

图 4－10　大别山榴辉岩显微照片

（引自游振东等，1988）

（a）具后成合晶（Sym）的榴辉岩，石榴石（Grt）发育由角闪石、斜长石和磁铁矿组成的后成合晶冠状体，绿辉石全部为透辉石＋斜长石后成合晶交代（假象），英山程家咀，单偏光，视域长边＝3mm；（b）柯石英榴辉岩，石榴石（Grt）中柯石英（Coe）包裹体，柯石英残余被多晶石英环边围绕，寄主矿物石榴石发育完好的放射状裂纹，太湖石马，单偏光，视域长边＝0.8mm

寄主矿物中会形成因体积膨胀而产生的如图4-10（b）那样的放射状或同心圆状裂纹。这种特征的裂纹是识别Coe包裹体的最主要标志，并为Q包裹体中的Coe残留（高突起，比Q干涉色还低的很低干涉色）所证实。尽管由Coe转变而来的Q可以是单晶，也可以是多晶甚至隐晶质集合体，其中可以有也可以没有Coe残留，寄主矿物可以是Gt、Cpx或其他矿物，但包裹体周围均发育有这种特征的裂纹。尽管此次实验很可能找不到，但要记住这种特征的鉴别标志，在以后工作中注意寻找。

思 考 题

1. 如何区分蓝闪石与普通角闪石？如何区分蓝闪石与青铝闪石？
2. 如何区分绿辉石与透辉石？如何区分长柱状绿辉石与普通角闪石？
3. 你看实验用的大别山蓝片岩中蓝色角闪石是蓝闪石还是青铝闪石？
4. 蓝闪石广泛出现在蓝片岩相许多岩石（包括泥质、长英质、钙质、基性）中，含蓝闪石的片岩统称为蓝片岩。你认为实验用的大别山蓝片岩属于什么化学类型？
5. 你在实验中用的东海榴辉岩中看见了什么样的反应结构？
6. 如何识别柯石英？
7. 为什么与麻粒岩相相比，榴辉岩相Cpx含钠较高而Gt含钙较高？
8. 试写出《岩石学》中图22-16与a~f各阶段反应结构相应的可能变质反应。

单元6　混合岩

实验12　混合岩（2学时）

一、目的

通过实验，了解混合岩的主要类型、基本特征和描述方法。

二、内容和要求

1. 实验材料

手标本及薄片：①眼球状混合岩（大别山或泰山）；②角砾状混合岩（大别山）；③条带状混合岩（大别山或胶东）；④片麻状（混合）花岗岩（大别山或东海）。

2. 要求

（1）观察眼球状混合岩（大别山或泰山）、角砾状混合岩（大别山）、片麻状（混合）花岗岩（大别山或东海）；

（2）描述条带状混合岩（大别山或胶东）；

（3）了解混合岩特征的结构、构造。

三、提示

（1）混合岩由基体（substrate）和脉体（vein material）两个基本组成部分组成。基体是角闪岩相或麻粒岩相变质岩，代表混合岩原岩；脉体是长英质或花岗质物质，代表混合岩中新生的部分。无疑，对混合岩鉴定描述而言，区分基体、脉体是非常重要的。区分标志是：脉体比基体颜色浅、脉体比基体晚、脉体成分总是长英质的。

（2）基体与脉体的空间排布方式即混合岩构造，是混合岩最显著的特点。因此，混合岩最好在露头上观察。Mehnert（1968）将混合岩按构造分成 12 类（图 4 - 11），可供实际工作中对比。其中最常见的有角砾状、眼球状、条带状和云染状等几类。混合岩的丰富多彩的花纹使得它常常用作建筑装饰材料，许多公园、花园、楼房都可看到用其装饰。有条件应尽可能参观。

（3）普遍发育交代结构是混合岩结构的明显特点。研究表明，混合岩中交代结构常常是部分熔融的结构证据：混合岩中交代结构往往是部分熔融结构，而强烈混合岩化产物——片麻状花岗岩中的交代结构往往是熔融残留结构（参见《岩石学》中图 22 - 21）。实验中要注意寻找这些有重要成因意义的结构证据。

（4）混合岩构造取决于混合岩化强度和基体构造。一方面随着混合岩化强度增强，脉体含量逐渐增多，基体与脉体界限渐趋模糊。云染状混合岩是强烈混合岩化产物，不仅脉体含量高，岩石总体具花岗质成分，而且基体、脉体界限模糊不清。云染状混合岩常构成片麻状花岗岩体边部，向岩体内部逐渐过渡为较均质的片麻状花岗岩。另一方面，基体构造特点在很大程度上决定了混合岩构造的形态特点。面理发育的片岩、片麻岩，随着混合岩化增强，出现眼球状混合岩→条带状混合岩→云染状混合岩的岩石系列。而弱面理化的斜长角闪岩，随着混合岩化增强，则出现细脉状混合岩→角砾状混合岩→云染状混合岩的岩石系列。

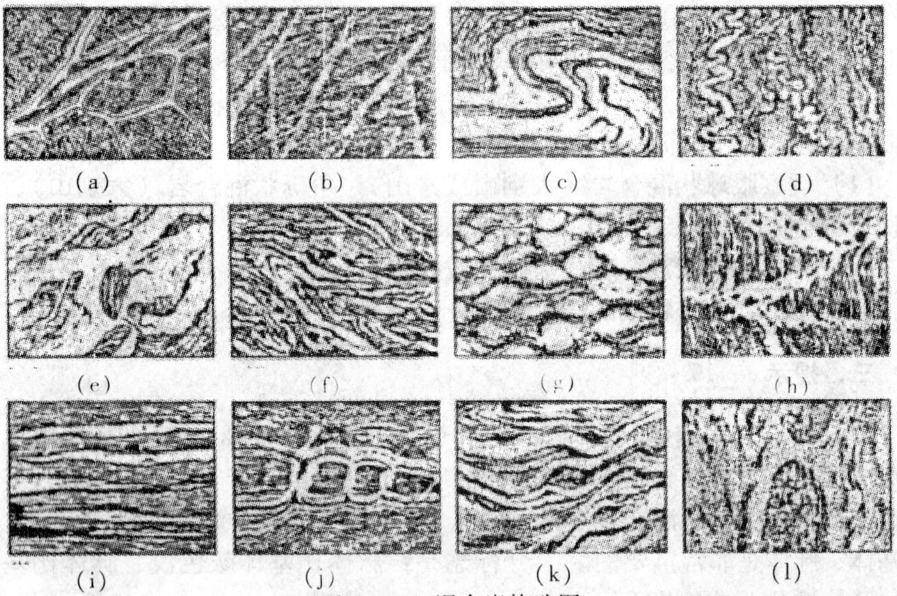

图 4-11　混合岩构造图

（据 K. R. Mehnert，1968）

(a) 角砾状；(b) 网状；(c) 褶皱状；(d) 脉状；(e) 碎块状；(f) 细脉状；(g) 眼球状；(h) 斑块状；(i) 条带状（层状）；(j) 布丁状（香肠状）；(k) 析离状；(l) 云染状（星云状、雾迷状）

思 考 题

1. 对照图 4-11，说明 12 类混合岩构造的基本特征。
2. 如何区分基体与脉体？
3. 判别混合岩化强度的标志有哪些？

附　录

附录1　常见造岩矿物手标本鉴定特征

一、最常见的造岩矿物

1. **橄榄石** Olivine　　$(Mg, Fe)_2SiO_4$

斜方晶系，短柱状或粒状。橄榄绿色、黄绿色，透明至半透明，玻璃光泽，无解理，多具贝壳状断口，硬度6.5～7。常出现在超基性岩中，部分产于基性岩、变质岩（大理岩）中。

产于喷出岩中的橄榄石易次生变化成为红棕色伊丁石，伊丁石不是单一的矿物晶体，而是铁镁氧化物和硅酸盐的混合物。呈片状晶体，二至三个方向的完全解理，硬度3，小于小刀，多成橄榄石假象。伊丁石容易与棕红色黑云母混淆，但是它的解理不如黑云母完全，而且不只一组。

产于侵入岩或变质岩（大理岩）中的橄榄石常因遭受热液蚀变而成蛇纹石或滑石等。

2. **辉石** Pyroxene　　$Ca(Mg, Fe, Al)[(Si, Al)_2O_6]$

有斜方辉石和单斜辉石之分，但在标本上区别十分困难，肉眼鉴定时，通称为辉石。

完好晶体的辉石多呈短柱状（见于喷出岩中），但少见，大多数辉石常呈不规则近等轴形粒状。褐黑色，有时可见有灰绿色，玻璃光泽，硬度5～7。辉石的玻璃光泽常常带有一些半金属光泽的特点，特别是颜色比较深的辉石更是这样。辉石普遍具｛110｝两组中等解理，两组解理面的交角近于直角，在某些近平行c轴的颗粒上，常常可以看见不十分清楚的这两组解理，通过对解理面（可以看见比较平整的反光面）的观察，这种直角关系常常可以见到，这是区别辉石和角闪石的一个重要根据。但是，在观察这种交角时，一定不要把晶面和解理面混淆，因为辉石常常发育（100）、（110）和（010）等晶面，除了（100）和

(010）交角近直角外，(110）与其他两个晶面交的角常常大于直角，这时如果不能分辨出晶面夹角和解理面夹角的关系，就可能将辉石误认为是角闪石。辉石的解理虽属中等，但一般比角闪石要差，在岩石中常常看到的是露出比较窄的解理面，解理面重叠构成台阶状，这一点也常常用来与角闪石相区别。辉石粉末的颜色一般偏浅，呈无色或淡褐色，这一点也常常用于与角闪石相区别，普通角闪石粉末常常具有绿色色调。

3. 普通角闪石 Hornblende

$Ca_2Na(Mg, Fe)_4(Al, Fe)[(Si, Al)_4O_{11}]_2(OH)_2$

单斜晶系，完好晶形的角闪石常呈长柱状，针状及纤维状亦常见。产在某些具定向构造的变质岩中的角闪石，长与宽之比可达4 ：1~5 ：1，而岩浆岩中的角闪石多为3 ：1~4 ：3。暗绿色、绿褐色（某些无色或淡绿色变种为透闪石），一般来说，角闪石比辉石的颜色更浅（透辉石除外)，玻璃光泽，硬度5.5~6。在解理面上角闪石比辉石的光泽更接近于玻璃光泽，这是它们二者之间常可利用的区别点。角闪石普遍具有｛110｝两组完全解理，两组解理面的交角为56°（或124°)，这是与辉石区分的一个十分重要的标志。这个解理夹角一般应在横断面上观察。角闪石的解理比辉石完好，所以解理面一般比较宽而平整。也常常出现阶梯状解理，不过角闪石解理的每一个梯级相对于辉石来说都比较宽而显得清楚。普通角闪石的粉末常常带有绿色色调，这是和普通辉石区别的一个有用标志。遭受变化的角闪石常常形成绿泥石，光泽变暗，绿色色调显著，硬度也减少。

4. 黑云母 Biotite　　$K(Mg, Fe)_3[Al\ Si_3O_{10}](OH)_2$

单斜晶系，晶体呈六方板状，产于岩石中的多成鳞片状集合体。黑色或深褐色，玻璃光泽—珍珠光泽，｛001｝解理极完全，用小刀可以剥成薄片，具弹性，硬度2~3，小于小刀。经受变化后黑云母可以变为绿泥石，这时弹性消失，光泽变暗，绿色色调显著。

5. 斜长石 Plagioclase

$(100-n)Na[AlSi_3O_8] \cdot nCa[Al_2Si_2O_8]$, $n=0 \sim 100$

钠长石（$Na[AlSi_3O_8]$）组分和钙长石（$Ca[Al_2Si_2O_8]$）组分可以以任何比例构成不同种斜长石。一般根据斜长石中钙长石组分的百分数而将斜长石划分为三个种类：

基性斜长石：含钙长石组分>50%；

中性斜长石：含钙长石组分20%~50%；

酸性斜长石：含钙长石组分<30%。

由酸性斜长石到基性斜长石，SiO_2 含量递减。

三斜晶系，板状、柱状或粒状晶体。产在基性岩浆岩中的基性斜长石常呈一向延长晶体，玄武岩中则常成细小针状晶体出现。中性斜长石的形态一般比较宽，断面常呈长方形或近于正方的长方形。斜长石多呈白色、灰白色，也有的呈暗灰色、褐红色等。斜长石具典型的玻璃光泽，在新鲜的解理面上可看得十分清楚，但在参差状断口上可显出油脂光泽。硬度6~6.5。斜长石容易遭受变化，变化后变为高岭土，斜长石玻璃光泽也就不清楚了。斜长石均具有｛010｝和｛001｝两组完全解理。完全解理的存在是和某些灰白或乳白色石英的重要区别，斜长石的双晶十分发育，最常见的是钠长石律的聚片双晶，这种双晶在适合的晶面或解理面上可以看到，表现为或多或少的细而平行的直线，相邻的直线间的反光不一。卡式双晶在某些斜长石中也可见到，其特点是在一个斜长石个体上或见到反光不同的两部分，两部分之间为一直线或折线所隔。卡式双晶在斜长石中出现的机会不多。另外，斜长石也出现卡钠复合双晶，这种双晶的特点是将解理面放在一定位置可以看见矿物个体的晶面或解理面上出现反光不同的卡式双晶，如果仔细观察，在卡式双晶的两部分上，还可以见到钠长石聚片双晶，钠长石聚片双晶和卡钠复合双晶是斜长石与钾长石的重要区别点之一，卡钠复合双晶多半出现在基性和中性长石中。斜长石容易遭受变化，变化后形成高岭土、绢云母、绿帘石或方解石，后两种变化产物也是斜长石区别于钾长石的重要之点。

6. **碱性长石** Alkali feldspar　　(K, Na)[$AlSi_3O_8$]

包括正长石、透长石、微斜长石等变种，因为这些变种在标本上区别比较困难，因此一般称为碱性长石，在有的教科书中，称为钾长石。

单斜晶系（正长石、透长石）、三斜晶系（微斜长石），常见宽板状、短柱状及不规则粒状晶形，呈一向延长或针状的碱性长石不多见。常见肉红色，有时亦有白色、乳白色或深灰色等，玻璃光泽，｛010｝和｛001｝两组解理完全，硬度6。在很多岩石中的碱性长石上，还可见到发育的阶梯状解理，这一点在一定程度上可作为与斜长石区别的参考条件。碱性长石的双晶也十分发育，最常见的是卡式双晶，卡式双晶的特点和斜长石所见基本一样，不过是大多数碱性长石的单体显得比较宽而已。有一些碱性长石上常常可以看到条纹构造，这些条纹大多数具有一定方向，但彼此并不平行，有些类似地图上画出的水系。条纹的颜色往往比碱性长石主体更浅，呈白色或灰白色，在某些条纹上还可见到清楚的钠长石聚片双晶，具条纹构造的碱性长石又称为条纹长石。碱性长石也容易遭受变化，变化后形成高岭土或绢云母等。产在喷出岩中的碱性长石多无色透明，称为透长石，它是碱性长石的高温变种。

7. **石英** Quartz　　SiO_2

大多数岩石中的石英都是无色透明的不规则粒状。产于喷出岩中的高温石英，往往成为浑圆形，而且具有烟水晶的特点，有的具六方双锥的完好晶形。贝壳状断口、油脂光泽、硬度大（7，大于长石）、不风化等特点可与长石等矿物相区别。

二、次常见的造岩矿物

1. **白云母** Muscovite　　$KAl_2[AlSi_3O_{10}](OH)_2$

单斜晶系，无色，含有其他元素混入物时带浅色。解理面上珍珠光泽，具弹性，{001} 解理极完全，可用刀剥成鳞片，硬度2.5～3，小于小刀。细小鳞片的白云母称为绢云母。它常是长石等矿物的变化产物，在某些变质岩，如千枚岩中，绢云母是隐晶质集合体，在标本上很难区分单个晶体，这时往往根据集合体反映出的明显丝绢光泽和较浅的颜色来推断绢云母的存在。

2. **方解石** Calcite　　$CaCO_3$

三方晶系，常呈各种粒状晶形，无色、白色，各种色调均可见到。玻璃光泽，沿 {1011} 的三组解理完全，硬度3（小于小刀）可区别于长石。晶面或解理面上有时也可见到聚片双晶，方解石是组成碳酸盐岩石灰岩的重要矿物。在鉴定时除了根据上述特点外，常常利用5%的 HCl 作试剂，因为方解石与稀盐酸作用放出 CO_2，而剧烈冒泡。这一点可以与白云石相区别。不过对某些结晶比较好的方解石，如大理岩中的方解石，滴 HCl 后冒泡情况并不那么显著。这主要是 HCl 与晶面的作用不如解理面或断口容易的缘故，只要用小刀对晶面稍加破坏，起泡现象同样剧烈。

3. **白云石** Dolomite　　$CaMg[CO_3]_2$

三方晶系，肉眼观察特点和方解石基本相同，白云石硬度稍大（3.5～4）。因此，如何区别这两种矿物，常常是鉴定岩石中的一个重要难题。一般是采用加 HCl 的方法，5% HCl 对白云石作用不大，即使冒泡也很微弱。如果用20% HCl 或把稀盐酸加热，冒泡现象便会剧烈起来。经过 HCl 作用后的白云石残渣滴上一滴对硝基偶氮间苯二酚（紫色有机试剂）则会出现蓝色沉淀，方解石则没有。在区别石灰岩和白云岩、白云质岩时，常常采用这个办法。根据蓝色沉淀出现的速度可以估计岩石中白云石的含量。

4. **透闪石** Tremolite　　$Ca_2Mg_5[Si_4O_{11}]_2(OH)_2$

单斜晶系，晶体呈长柱状、针状，集合体常呈纤维状、毛发状、放射状。纯的透闪石无色透明，但多见不纯者，因含杂质而呈白色或浅灰色，透明至半透明，硬度5.5～6。细小晶体性脆，易折断。纤维状者称透闪石石棉。

5. **阳起石** Actinolite　　$Ca_2(Mg,Fe)_5[Si_4O_{11}]_2(OH)_2$

单斜晶系，与透闪石化学成分的差异仅在于含铁量较高，形态和物理性质均类似，差别在于透闪石色浅，而阳起石呈绿色。硬度6~6.5。纤维状者称阳起石石棉。

6. **滑石** Talc $Mg_3[Si_4O_{10}](OH)_2$

单斜晶系，片状、鳞片状或致密块状，片状者称片滑石，块状者称块滑石。白色，略带淡黄、淡褐或浅绿色调，有（001）极完全解理，解理面上珍珠光泽。手触之有滑感，薄片有挠性，硬度1。

7. **蛇纹石** Serpentine $Mg_6[Si_4O_{10}](OH)_8$

单斜晶系，通常为叶片状、纤维状或致密块状集合体，纤维状者称蛇纹石石棉或温石棉。颜色变化很大，常为深浅不一的绿色，或褐、蓝、黑等色，有时为白色，各种颜色组成的花纹很像蛇皮，故此得名。光泽黯淡呈蜡状，或稍显油脂光泽。硬度小(2.5~3.5)。

8. **绿泥石** Chlorite $(Mg, Al, Fe)_6[(Si, Al)_4O_{10}](OH)_8$

单斜晶系，晶体呈假六方片状、板状。岩石中多呈鳞片状集合体或以其他矿物黑云母、角闪石、石榴石等为假象。一般呈黑绿色、绿色。玻璃光泽或珍珠光泽，{001}解理极完全，硬度小（1~3），用小刀可以剥成细鳞片或呈土状，具挠性。这些特点均足以与黑云母和角闪石相区别。

9. **绿帘石** Epidote $Ca_2(Al, Fe)Al_2[SiO_4][Si_2O_7]O(OH)$

单斜晶系，完好晶体呈柱状，但在岩石中往往呈不规则粒状或呈致密块状集合体。玻璃光泽，断口常见油脂光泽。常见的是清晰的黄绿色，颜色常常可作为与其他矿物区别的重要标志。具解理，硬度6.5，大于小刀。

绿帘石是变质岩中常见的矿物，也是斜长石变化后常见的产物。

10. **红柱石** Andalusite $Al_2[SiO_4]O$

斜方晶系，横断面常呈近正方形的长柱状晶体或呈放射状集合体，有时也呈粒状集合体。新鲜的红柱石常带浅玫瑰红色，风化后灰色、灰白色或褐色，玻璃光泽，{110}解理清楚，硬度7~7.5，大于小刀。

红柱石多见于接触热变质岩石，主要是富含铝的粘土岩变质而成。某些炭质页岩变质后形成的红柱石晶体中央常常包有部分未曾完全排去的炭质或其他杂质，这些杂质呈与晶体延长方向一致的黑色花纹，从横断面看，状若十字形，称为空晶石。

11. **蓝晶石** Kyanite $Al_2[SiO_4]O$

三斜晶系，沿 *c* 轴延长的扁平长柱状晶体，蓝色或青色，玻璃光泽，解理面显珍珠光泽，解理中等。硬度在各方向上显著不同，平行晶体延长方向常小于小刀（硬度4.5），而垂直晶体延长方向大于小刀（硬度6），因而又称为“二硬石”。

蓝晶石主要产于区域变质岩石，系富 Al 粘土岩在较高压力下经变质作用生成，它与红柱石形成于低压的情况不同。

12. **夕线石** Sillimanite $Al_2[SiO_4]O$

斜方晶系，常呈一向延长的针状晶体，柱面上可见纵纹，集合体常呈放射状、纤维状或细毛发状，放射状集合体称菊花石。灰、浅褐、浅绿等颜色，玻璃光泽，{010} 组解理完全，硬度 7。

夕线石是高温变质矿物，是富含 Al 的粘土岩变质而成，它和红柱石、蓝晶石的化学成分一样，只是形成条件不一，晶体构造有差异。

13. **硅灰石** Wollastonite $CaSiO_3$

三斜晶系，常呈沿 b 轴延长的板状晶体，在岩石中多呈片状、放射状、纤维状等。白色或灰白色，少数呈肉红色。解理较好，在岩石中常常见到闪亮的解理面。玻璃光泽，解理面有时显珍珠光泽。硬度 4.5 ~5。

14. **十字石** Staurolite $FeAl_4[SiO_4]_2O_2(OH)_2$

斜方晶系，常呈短粗柱状晶体，亦常成近正交的十字形或斜十字形双晶，不规则柱状晶体亦常遇到，横断面常呈菱形。红褐色至褐黑色，玻璃光泽，硬度 7 ~7.5，大于小刀。{010} 解理清楚。

十字石主要是富含 Fe、Al 的粘土岩于中等温度和压力条件下变质生成。

15. **堇青石** Cordierite $Mg_2(Al, Fe)_3[AlSi_5O_{18}]$

斜方晶系，完整晶形少见，常呈不规则粒状或致密块状。无色，玻璃光泽，贝壳状断口，硬度 7 ~7.5。产在岩石中的堇青石外貌极似石英，区别之点在于堇青石和它抗风化能力低，在岩石的风化面上常因风化而脱落，留下凹坑（岩石中原来的变斑晶)，并且这些风化了的堇青石常常形成褐铁矿薄膜。

堇青石产于变质岩、特别是粘土岩经热变质形成的角岩中。

16. **石榴石** Garnet $(Mg,Fe^{2+},Mn^{2+},Ca)_3(Al,Fe^{3+},Cr^{3+})_2[SiO_4]_3$

石榴石的化学成分变化很大，主要是 Mg、Fe^{2+}、Mn^{2+}、Ca、Al、Fe^{3+}、Mn^{3+}、Cr^{3+}等元素的硅酸盐，产于不同岩石中的石榴石成分不一。

等轴晶系，常呈完好的十二面体、四角三八面体晶体，亦可呈不规则粒状或致密块状。颜色随成分而异。深红、玫瑰、褐、蓝、黑、绿色皆有。玻璃光泽，断口油脂光泽，有时近于金刚光泽，硬度 6.5 ~7.5，大于小刀，无解理，断口不平坦。主要产于变质岩中。

17. **海绿石** Glauconite $K_{<1}(Fe,Al,Mg)_{2\sim3}[Si_3(Si, Al)O_{10}](OH)_2 \cdot nH_2O$

通常为直径 1mm 至数毫米的粒状集合体，分布于硅质岩、粘土岩、碳酸盐岩等沉积岩中，亦可成为砂岩的胶结物。具暗绿、黄绿色，硬度 2 ~3，小于小刀，脆性等特点极易识别。

18. **霞石** Nepherine　　　　$Na[AlSiO_4]$

六方晶系，常呈粒状或致密块状集合体产出。灰白或浅黄、浅褐、浅红等色。一般无解理，有解理也很不完善，偶尔可见狭窄的阶梯状解理面。断口发育，常为参差状或不明显的贝壳状，断口上显油脂光泽。新鲜的霞石硬度6，比小刀稍大，但风化后易变成土状，硬度显著降低。

霞石为 SiO_2 不饱和矿物，一般可作为碱性侵入岩的指示矿物。

19. **白榴石** Leucite　　　　$K[AlSi_2O_6]$

四方晶系或等轴晶系。高温（>600℃）为等轴晶系，低于此温度即变为四方晶系，但我们看到的白榴石晶体一般均保留等轴晶系外形（假象），内部结构已变为四方晶系。

白榴石为 SiO_2 不饱和矿物，是标准的碱性喷出岩的高温岩浆矿物。作为斑晶时晶形一般较好，为四角三八面体，有时为菱形十二面体与立方体的聚形，可熔蚀成圆粒状，少数情况下为不规则粒状。常呈特征的炉灰色，有时为灰白、浅褐等色。无解理，断口呈贝壳状，断口显示不太明显的油脂光泽或玻璃光泽。晶面上无光泽，偶尔可见到双晶纹。硬度5～6，稍大于小刀，次生变化后硬度降低。

附录2　粒度对比图[①]

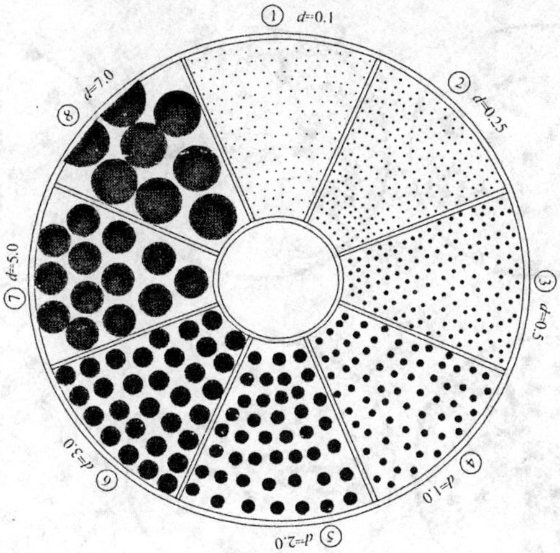

粒径 d 单位：mm

① 武汉地质学院岩石教研室．沉积岩石学讲义．1976

附录 3　矿物含量估计图①

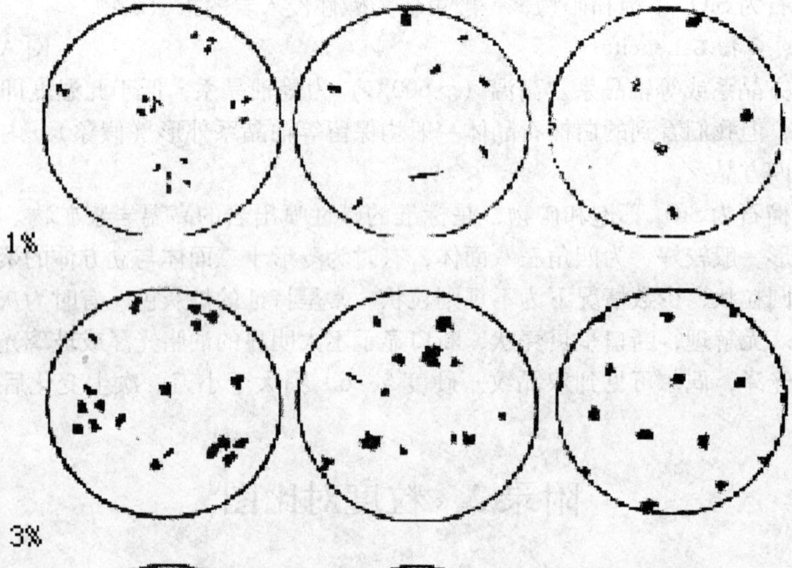

① 据邬金华（岩浆岩实验指导书（武汉地质学院教材），1982）和 R. R. Compton（1961）综合编制

（附录3 续1）

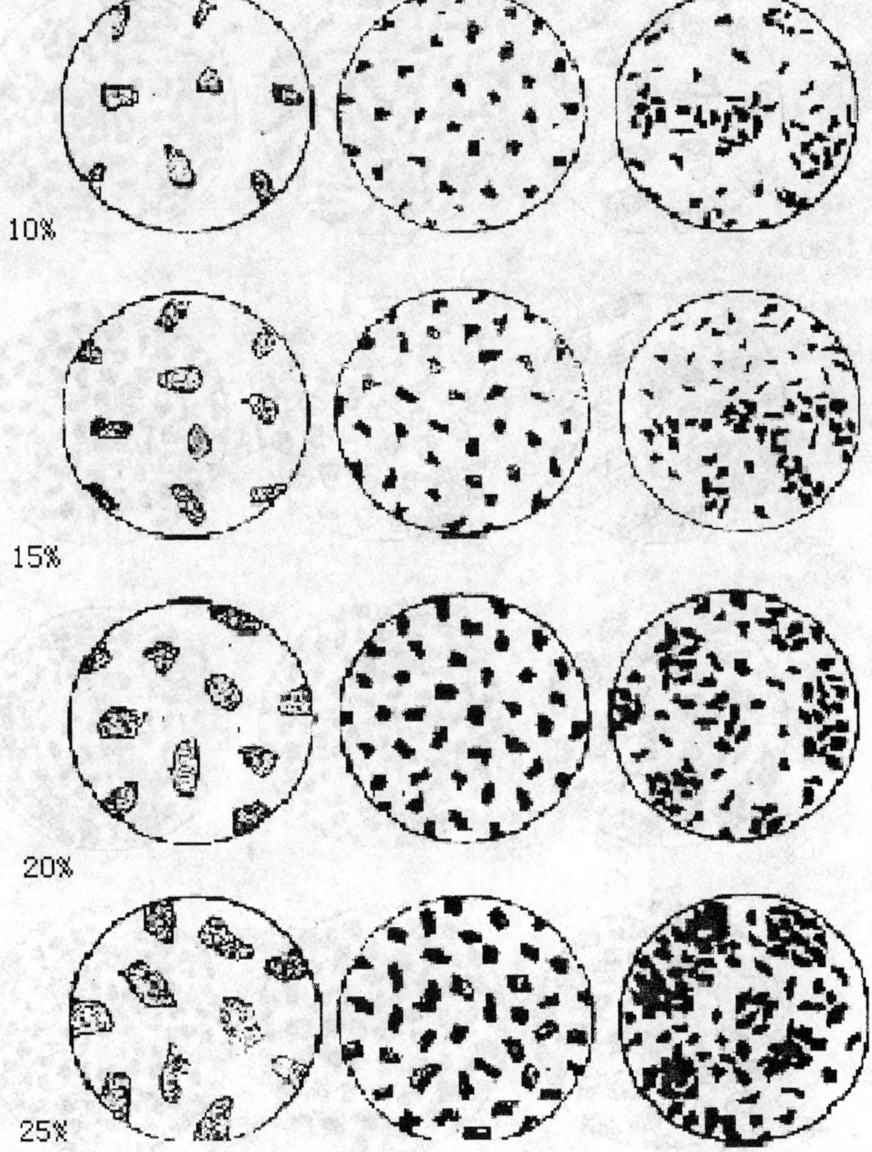

（附录3续2）

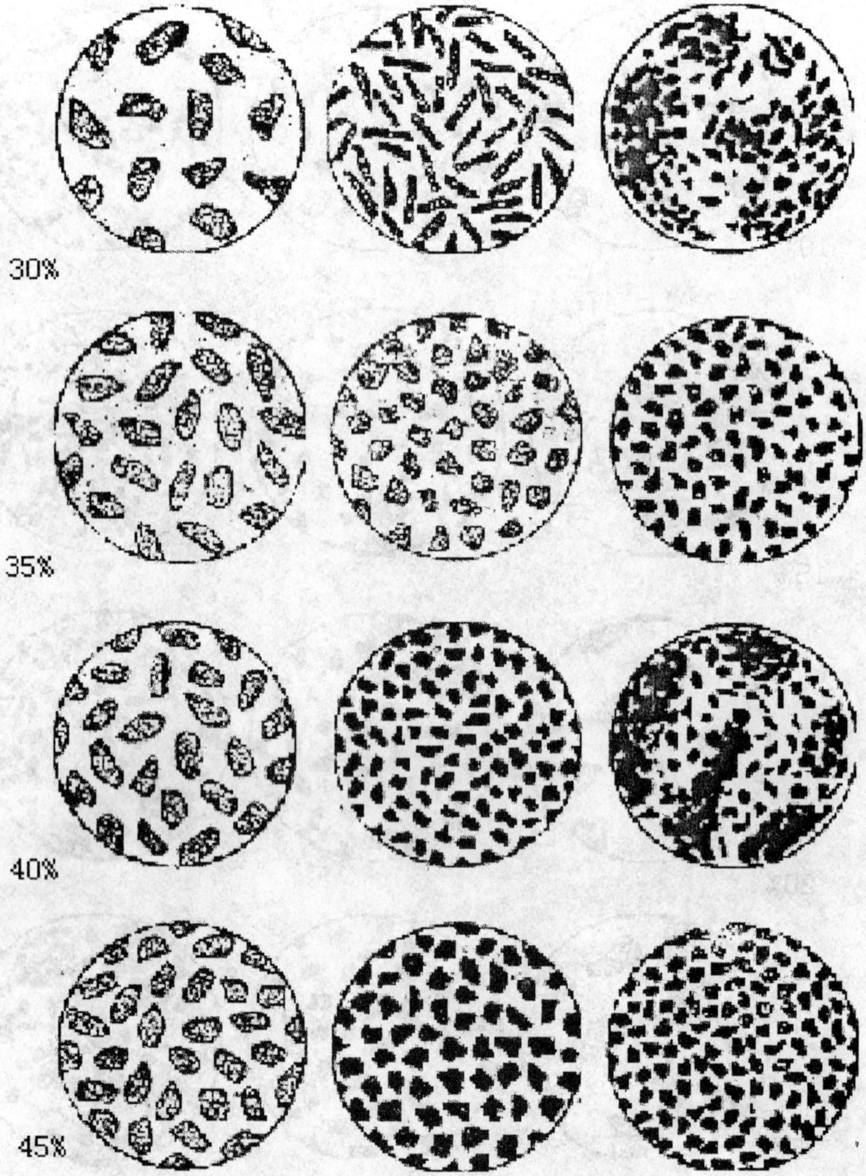

(附录3 续3)

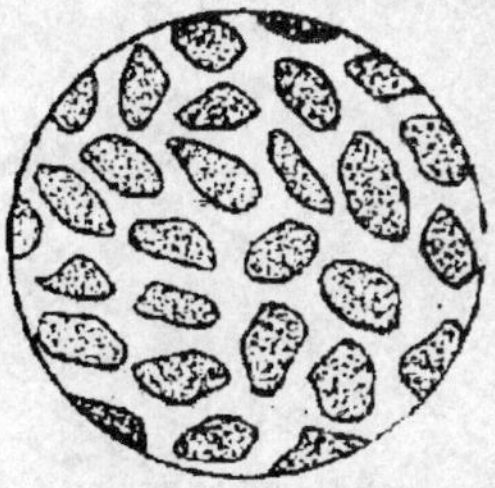
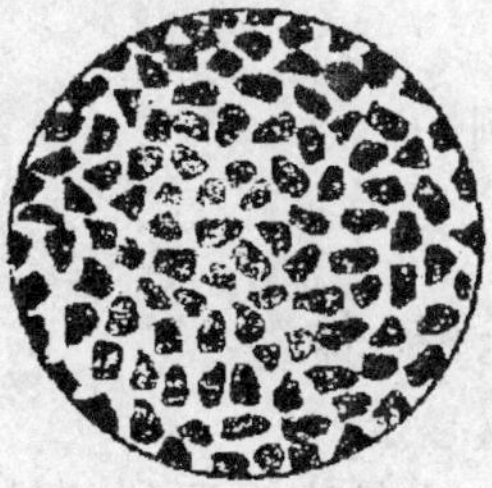
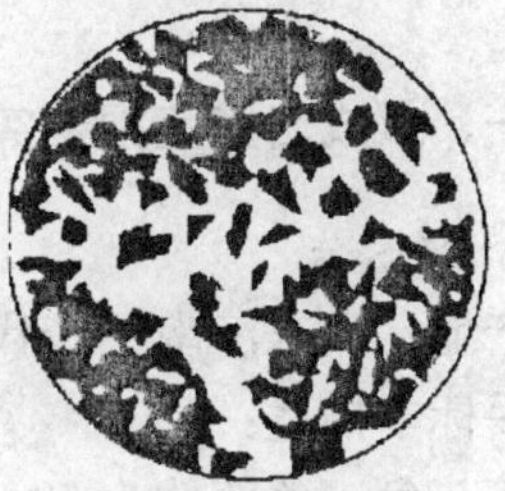

50%

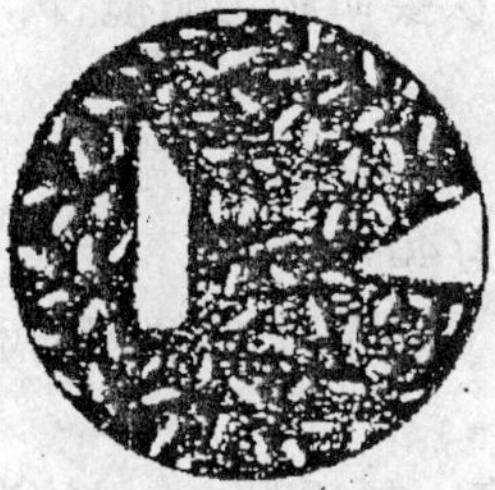

斑晶 [illegible]0%，微晶 20%

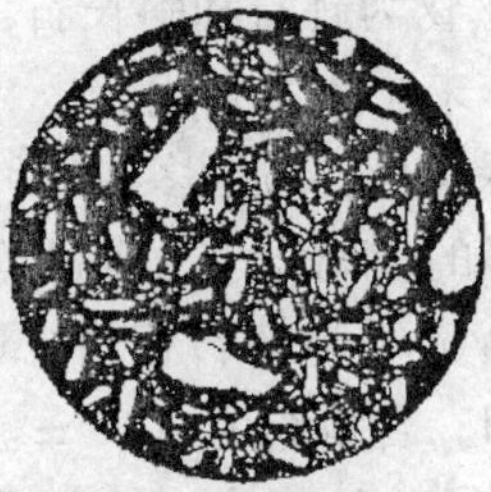

斑晶 10%，微晶 25%

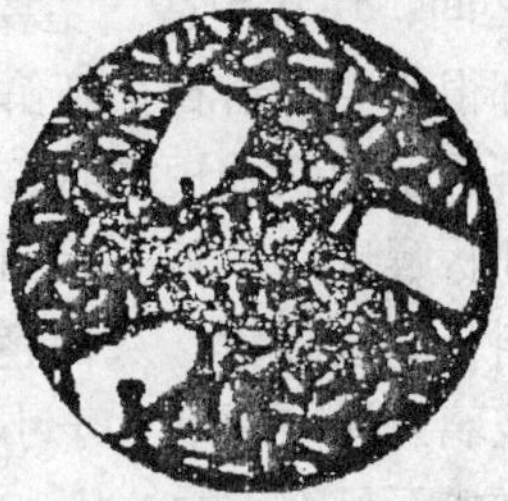

斑晶 15%，微晶 30%

斑晶 10%，柱状微晶 30%，
粒状微晶 20%

柱状 45%，粒状 25%

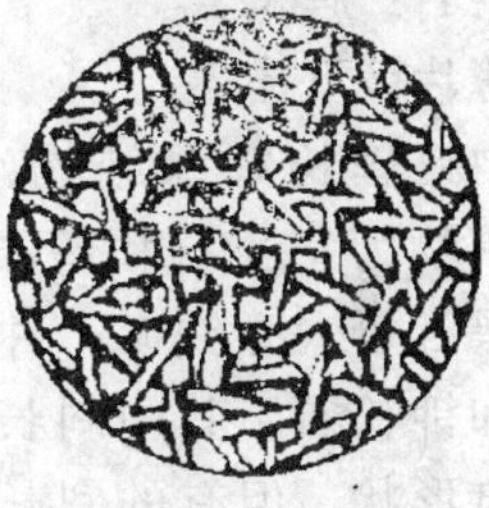

柱状 35%，粒状 35%

黑粘 20%，点粒 40%

白粒 35%，点粒 20%，
双晶 25%，柱状 10%

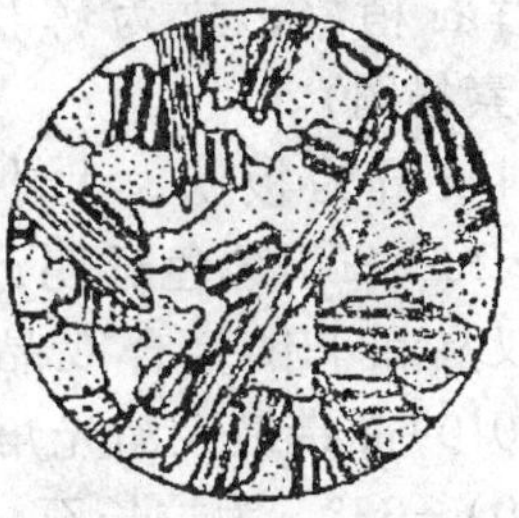

白粒 10%，点粒 35%，
双晶 35%，柱状 20%

附录4　岩石鉴定报告实例

一、火成岩鉴定报告实例

1. 辉长岩

产地：山东济南；产状：侵入体。

手标本描述：

暗灰色，色率约为 50 ±，中粒半自形粒状结构，矿物颗粒粒径一般在 2 ~ 5mm 之间，块状构造。主要矿物为辉石和斜长石，次要矿物为橄榄石、黑云母，分布都很均匀。岩石很新鲜，未见次生变化。

辉石呈粒状或短柱状，绿黑色，粒径多在 3 ~ 4mm 左右，可见正交的两组狭窄阶梯状解理面，其上有明显的玻璃光泽，含量约为 40% ±。

斜长石呈板状，灰白色，大小与辉石相仿，可见到宽平的解理面和聚片双晶，玻璃光泽，硬度大于小刀，含量约为 40% ±。

橄榄石呈细小的粒状，粒径在 1mm 左右，黄绿色，较透明，含量约为 5%。

定名：辉长岩。

薄片镜下描述：

中粒辉长辉绿结构，块状构造。主要矿物为斜长石和辉石，次为橄榄石、黑云母、磁铁矿，并含微量的磷灰石和钾长石。其中斜长石及辉石均为半自形状，但有的斜长石的自形程度较辉石稍好，故为辉长辉绿结构（参见素描图）。

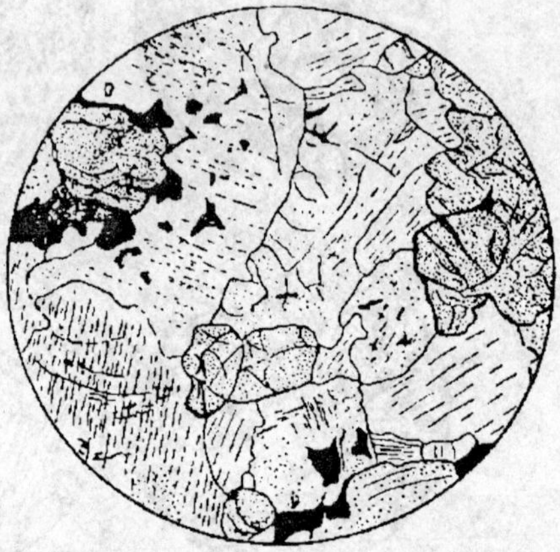

单偏光，$d = 9$mm

斜长石为板状，大小一般在 3.5mm × 2mm ±，无色透明，低正突起，聚片双晶和卡钠复合双晶十分发育。用⊥(010)晶带最大消光角法测得 $Np' \wedge (010) = 33°$，为拉长石（An_{60}），含量约为 45%。未见次生变化。

辉石有普通辉石和紫苏辉石两种。

普通辉石，呈粒状或短柱状，粒径约为 2.5mm，单偏光显微镜下微带淡绿或淡褐黄色调，有两组正交的完善解理，最高干涉色可达二级黄绿，大部分颗粒为斜消光，在干涉色最高的颗粒上测得最大消光角 $Ng' \wedge c = 44°$，含量约为 35%。

紫苏辉石，他形粒状，多色性明显，Ng'为淡绿色，Np'为淡玫瑰红，可见二组正交的完全解理，最高干涉色为一级橙红，多数为平行消光，二轴负晶，含量约为 10%。

橄榄石，呈他形粒状，高正突起，有不规则裂纹，最高干涉色三级蓝，部分颗粒的裂纹中有少量蛇纹石分布，常与辉石构成反应边结构，含量约为 4%。

黑云母，片状，多色性和吸收性均很强，Ng'为黑褐色，Np'为淡黄色，具一组极完全解理，平行消光，常与金属矿物相邻，含量约 3%。

磁铁矿，为不透明的细粒，反射光下呈褐色，含量约 2%。

磷灰石，柱状微晶，无色，中正突起，最高干涉色为一级灰，含量不足 1%。

钾长石，他形粒状，无色，低负突起，无双晶，缩小光圈可见完全解理，最高干涉色为一级灰白，含量不足 1%。

橄榄石、磁铁矿和磷灰石往往被包裹在其他矿物之中，可能结晶得最早。大部分辉石和斜长石自形程度相近，可能是同时结晶的，少数自形较好的斜长石可能稍早于辉石结晶，而黑云母常围在辉石颗粒的外围，晶形也受其他矿物所限制，可能结晶得最晚。

定名：黑云－橄榄苏长辉长岩。

2. **玄武岩**

产地：南京方山；产状：熔岩层。

手标本描述：

灰黑色或带褐色的深灰色，斑状结构，基质为隐晶质结构，气孔构造。气孔含量约占 10% ~ 15%，大小为 5 ~ 10mm，多呈圆形或椭圆形，孔壁一般比较光滑，有时部分被白色方解石充填，大致呈定向排列。

斑晶主要为土红色的伊丁石，次为白色长条状斜长石及少量黑色短柱状的辉石。斑晶总量约占 10%。伊丁石呈等轴状，大小在 1 ~ 3mm，系由橄榄石次生变化而来，解理发育。斜长石斑晶为灰白色，大小在 2 ~ 4mm，具强玻璃光泽，解理清晰可见。

基质断口粗糙，用放大镜观察，有时能见到隐晶质的基底上杂乱分布着白色针状斜长石微晶。

定名：伊丁玄武岩。

薄片镜下描述：

斑状结构，基质具间粒间隐结构。斑晶与基质比例为 15∶85。斑晶主要为伊丁石和斜长石，少量辉石。伊丁石斑晶与斜长石斑晶含量相近。基质成分为斜长石微晶、辉石微粒及少量磁铁矿、玻璃质和显微隐晶质。

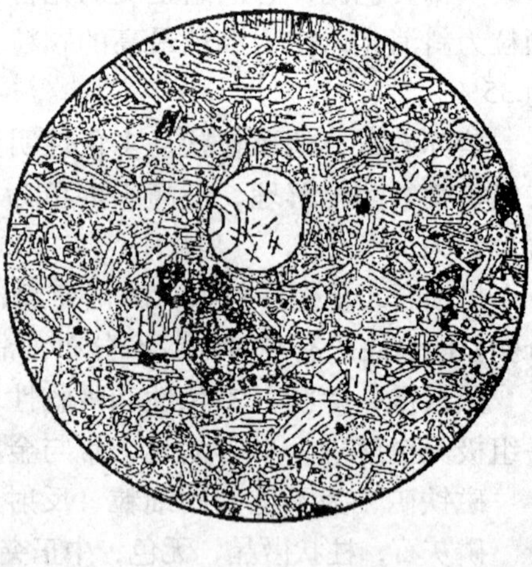

单偏光，$d=4.8$mm

伊丁石斑晶大小一般在 1～2mm 之间，具橄榄石假象，可见解理、环带结构及棕红—棕黄色多色性，有时可在伊丁石内部找到橄榄石残晶。

斜长石斑晶呈长板状，聚片双晶和卡钠复合双晶发育，测得 $Np' \wedge (010)$ 的最大消光角为 34°，An＝60，属拉长石。

斑晶辉石为普通辉石，呈自形短柱状，横切面近八边形，可见两组近垂直的完全解理，最高干涉色为二级黄，在此切面上测得最大消光角 $Ng' \wedge c$ = 41°，偶见辉石出溶页片和简单双晶。

斜长石微晶约占基质的 60%，呈细长的长条状，无规则排列，形成许多三角状孔隙，微粒状的单斜辉石、磁铁矿、绿色（或黑色）的玻璃质及显微隐晶质的物质充填在孔隙中，形成典型的间粒间隐结构（参见素描图）。斜长石微晶最大消光角 $Np' \wedge (010) = 30°$，An＝45，属中性斜长石。

薄片中尚可见到圆或椭圆的气孔，局部有被方解石充填的现象。

可能的结晶顺序为：橄榄石、拉长石、普通辉石（斑晶）→中长石（基质）微粒状的单斜辉石、磁铁矿（基质）→玻璃。方解石和伊丁石是次生矿物，前者充填在气孔中，后者交代橄榄石。

定名：伊丁石化橄榄玄武岩。

3. 凝灰岩

产地：河北；产状：层状。

手标本描述：

岩石呈紫红色，带粉红或灰白的斑块。致密块状，质脆。岩石中晶屑很少见，大小约为 1mm；岩屑大小为 1～3mm，棱角状，多为硅质岩、安山岩岩屑，含量也很少。粉红或灰白色的斑块比较松软，为玻屑分解而成的膨土岩，其中有碳酸盐化形成的方解石，滴稀盐酸起泡。

薄片镜下描述：

玻屑凝灰结构。主要由玻屑组成，占90%以上。含少量岩屑、晶屑，含量皆不足5%。火山碎屑物一般在0.5~1.5mm之间，个别岩屑大于2mm。

玻屑形态多种多样，多为弧面棱角状、鸡骨状，少量为撕裂状、浮岩状（参见素描图）。玻屑无定向性，具低负突起。在正交偏光显微镜下大部分全消光，部分因去玻化而显弱的光性；少部分因已蒙脱石化、高岭石化，呈具一级深灰干涉色的鳞片状。玻屑之间充填有大量细小的赤红色火山尘，即使在高倍镜下也难以观察其外形，这一部分也应计算在玻屑成分内。

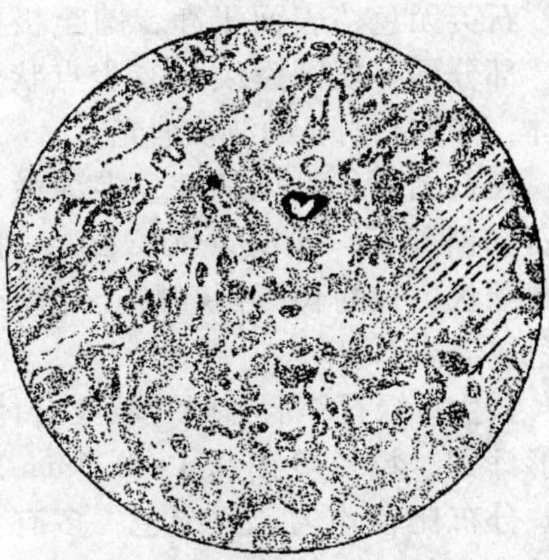

单偏光，$d=2.2$mm

晶屑主要是石英、透长石和斜长石，多为棱角状、阶梯状，内部裂纹发育。

岩屑成分复杂，以粉砂岩、安山岩、燧石岩屑较为常见，偶尔也见到少量半塑性浆屑。浆屑多为焰舌状，其内部具微晶结构。

岩石具碳酸盐化和绿泥石化。方解石呈团块状或脉状交代岩石。

定名：流纹质玻屑凝灰岩。

二、沉积岩鉴定报告实例

1. 砂岩

产地：河北唐山；层位：震旦亚界。

手标本描述：

灰绿色。中粒砂状结构。粒度均匀，分选性好，磨圆度多为圆状。碎屑含量约85%，胶结物约15%。颗粒支撑，孔隙式胶结。

碎屑几乎全由石英组成。石英无色，微透明，油脂光泽，硬度很大。胶结物为海绿石，暗绿色，无光泽，小刀可以刻划，部分氧化成褐铁矿，形成疏松的褐色斑点。有些海绿石呈颗粒状，为自生碎屑，粒径与石英碎屑相仿。

可见由海绿石含量变化显示的平行纹理，纹理厚约1mm。

薄片镜下描述：

中粒砂状结构。多数颗粒粒径在0.2~0.4mm之间，分选好，磨圆度为圆至极圆状。碎屑含量80%，胶结物20%。碎屑由陆源碎屑和自生海绿石碎屑组成，它们分别占碎屑总量的90%、10%。陆源碎屑中97%以上都是石英，仅有极少量的长石和锆英石、帘石等重矿物。重矿物粒度较细，但磨圆度很高。

石英无色，表面干净，圆至极圆状。部分具不规则裂纹或有尘点状包裹体，多数有明显的波状消光。

长石无色，可见解理，多为微斜长石和斜长石，偶见条纹长石，一般呈次圆状。有的长石因高岭土化略带褐色或混浊不清。

自生海绿石碎屑为鳞片状集合体，外形浑圆，粒径多在0.4～0.5mm之间。分布比较均匀。鲜绿色，多有集合偏光现象。少数鳞片较大者可见明显多色性和二级干涉色。

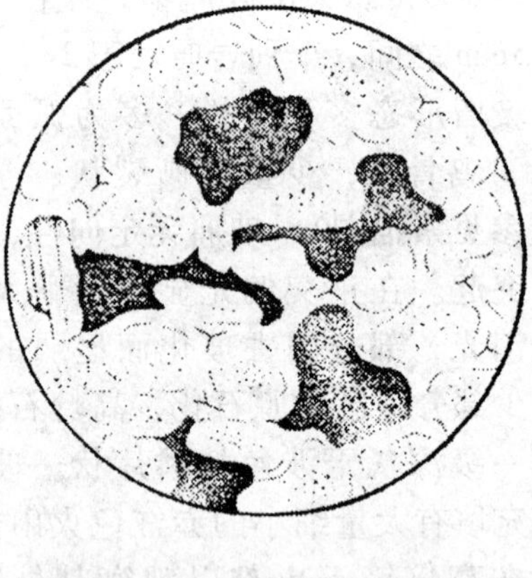

单偏光，$d=2.2$mm

胶结物为海绿石和自生石英，以自生石英为主，自生石英均为碎屑石英的加大边（参见素描图）。两种胶结物不在同一粒间孔中出现。胶结方式为孔隙式，胶结十分紧密严实。

部分海绿石（碎屑或胶结物）已氧化成褐铁矿，不透明。

成因分析：岩石中石英碎屑含量极高，分选、磨圆度均好，即两个成熟度都较高，说明碎屑石英经过了长距离搬运，又经反复筛选磨蚀，不稳定组分已大量淘汰，泥基已被冲洗干净，碎屑形成于稳定地台区。海滩是形成上述特征的有利地段，海绿石为典型的海相指示矿物，故此砂岩的形成可能与浅海环境有关。沉积物无明显压实现象，其成岩方式主要为胶结作用。在同生阶段仅有少量海绿石胶结物，随着埋深增加，进一步被共轴增生石英胶结而成岩。

定名：灰绿色中粒海绿石质石英岩状砂岩。

2. **碳酸盐岩**

产地：云南宁浪；层位：石炭系。

手标本描述：

深灰—黑灰色。生物碎屑结构。生屑白色或浅灰色，含量约50%，分选性很差，局部自形程度很高，主要为双壳类，呈双瓣绞合状，内部被泥晶充填。壳长10mm左右，最大约25mm，壳很薄，除喙部外均不到1mm。其次为海百合茎，均为圆形断面，直径2～3mm，可见茎孔。另外，可见大量砂级生物碎片，呈微弧状或粒状，估计也是双壳和海百合。所有化石均无定向性。粒间为泥晶质，深灰—黑灰色，较致密，用稀盐酸检验为纯方解石质。

薄片镜下描述：

生物碎屑结构。生屑含量约60%，泥晶基质40%。

生屑以软体动物为主，其次为海百合茎、苔藓及少量介形虫、有孔虫、腕足类等。软体动物多为双壳和头足类，壳体较大，多在5mm以上，但常为半自形—他形，少数较自形。分选、磨圆均较差。海百合茎也较破碎，大小约1mm。苔藓、介形虫和腕足类均为半自形—他形碎片，多呈砂级大小，偶尔可见较大的苔藓群体碎块，所有化石长轴取向均杂乱。

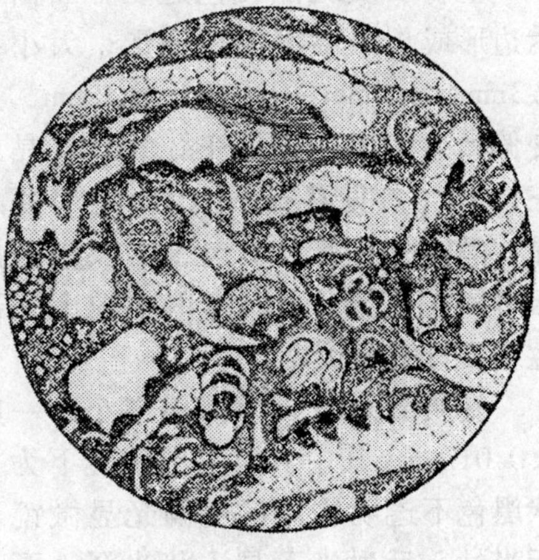

单偏光，$d = 2.2$mm

粒间均为泥晶基质，但苔藓虫室内为亮晶充填。参见素描图。

有不均匀白云石化，但不太强烈，且主要局限在基质中。白云石多为细—粗粉晶级的分散自形晶，呈细小斑块状或沿裂隙分布，含量不到5%。

成因分析：化石颗粒分选、磨圆差，富含泥晶基质，可指示低能环境。

生物以广盐性双壳类和游泳生物头足类为主，且破碎较严重，可能与邻近泻湖浪基面以下的沉积作用有关。白云石受裂隙控制，推测是次生交代的结果。

定名：泥晶生物碎屑灰岩。

三、变质岩鉴定报告实例

1. 堇青石角岩

产地：河北宣化庞家堡；产状：接触带。

手标本描述：

黑色，致密块状构造，半贝壳状断口，无定向性，斑状变晶结构，基质部分为致密隐晶质。变斑晶为堇青石，1～1.5mm，圆粒状，玻璃光泽，无解理，风化面上呈褐白色小点（可与石英相区别）约占20%～25%。基质成分肉眼难辨。

薄片镜下描述：

斑状变晶结构，基质具变余泥质结构和显微鳞片花岗变晶结构。变斑晶为堇青石（含量约25%）。基质由颗粒极细的炭质（约30%）、石英（约15%）、黑云母（约10%）、绢云母（约10%）和粘土质（约10%）微粒组成。

堇青石变斑晶无色透明，断面呈六边形或长短不等的纺缍形，大小为0.3mm×0.5mm~0.5mm×0.8mm，正交偏光显微镜下显示完好的六连晶或三连晶（参见素描图），偶见聚片双晶，晶体中常有炭质包裹物及细粒黑云母和石英包裹体；有些颗粒上有次生绢云母鳞片状集合体。

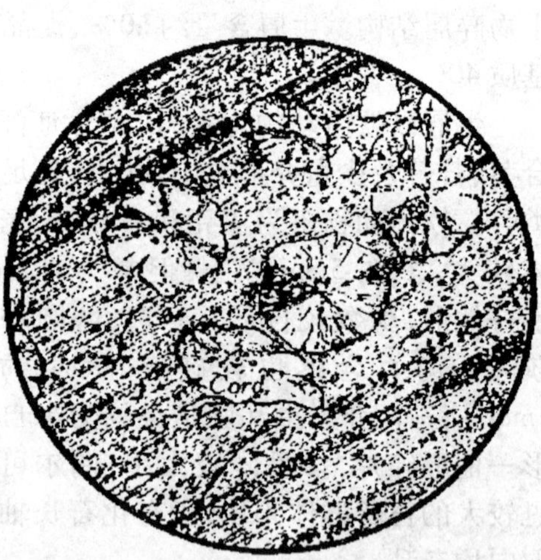

单偏光，$d=2.3$mm

基质部分的成分都很细小，一般<0.01mm。其中炭质在单偏光下为土状黑色不透明物，正交偏光显微镜下无光性，反射光下具土状光泽；石英他形粒状，无色透明，一级灰白干涉色；黑云母在高倍偏光显微镜下具特征的多色性（Ng'为棕绿，Np'为淡黄）；绢云母无色透明，正交偏光显微镜下具一级黄干涉色，平行消光；粘土质在单偏光显微镜下无色透明，正交偏光显微镜下隐约可见手风琴状消光。粘土矿物略具定向性，局部集中成微纹状，显示变余微细层理的痕迹（参见素描图）。

根据岩石具有矿物共生组合堇青石+黑云母+白云母（绢云母）+石英，基质重结晶程度差，具变余泥质结构和变余层理构造，有炭质及粘土质残留，推断是含炭质及铁镁质的富铝泥质岩经低级接触热变质（钠长绿帘角岩相）而成。

定名：炭质堇青石角岩。

2. ***十字石-石榴石-白云母片岩***

产地：山西繁峙；产状：区域变质带。

手标本描述：

灰白色，斑状变晶结构，基质具鳞片变晶结构，片状构造。变斑晶为十字石、石榴石。十字石红褐色，短柱状，长1~7cm，横断面六边形，有时可见十字形穿插双晶，含量约15%；石榴石褐红色，等轴粒状，粒径2~3mm，含量约10%；基质由细小（粒度约0.1mm）鳞片状白云母和石英组成。

薄片镜下描述：

斑状变晶结构，基质具鳞片花岗变晶结构，片状构造。变斑晶为十字石（含量约10%）、石榴石（约10%）和黑云母（约5%），基质由石英（约50%）和白云母（约25%）组成。

十字石变斑晶柱状，大小不等，小的 2mm × 3.5mm，大的 > 10mm，具特征的金黄（Ng'）至淡黄（Np'）多色性，高正突起，一组完全解理，一级干涉色，平行消光，正延性。变斑晶有大量基质矿物石英的包裹体，构成筛状结构（图 1），指示沿石英颗粒边界快速生长。

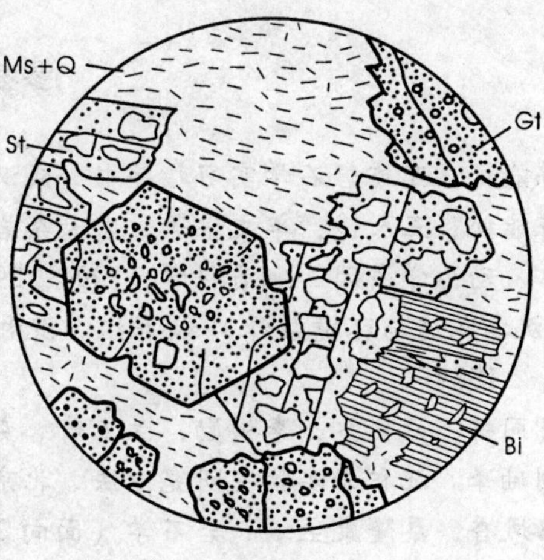

图 1

单偏光，d = 5mm，基质 Ms + Q 示意表示

基于 R. Mason（2000）素描绘制

石榴石变斑晶等轴粒状，粒度均匀，粒径约 2 ~ 2.5mm，淡褐色，极高正突起，裂纹发育，正交偏光显微镜下全消光。含有大量细小石英包裹体，多在核部集中分布（图 1），有时包裹体定向分布保存晶内片理，并发生旋转成“S”形，构成雪球结构。

黑云母鳞片状，大小 0.6mm × 1.8mm ~ 2mm × 5mm 不等，多斜交片理分布。具明显的黑褐（Ng'）至黄（Np'）多色性，黑云母式吸收性 $Ng' > Np'$，中正突起，一组极完全解理。晶体内有石英包裹体，构成嵌状变晶结构，有时包裹体定向显示晶内片理（图 1）。常可看到绿泥石沿边缘和解理不同程度交代黑云母的现象。

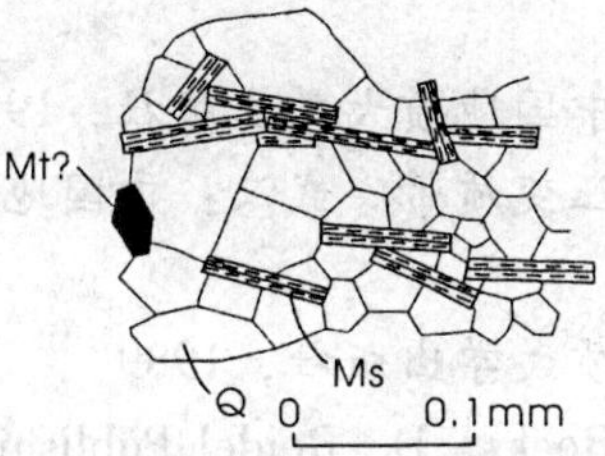

图 2

基质中石英等轴他形粒状，粒度 0.02 ~ 0.1mm，颗粒边界平直，常见二面角 120° 的三联点（图 2），说明结构平衡。白云母细小鳞片状，长 0.05 ~ 0.1mm，无色，中正突起，二级鲜艳明亮的干涉色，平行消光，连续定向排列，构成片理（图 2）。此外基质中尚有微量磁铁矿（?）和电气石。

St + Gt + Bi + Ms + Q

是十字石带富铝泥质变质岩典型矿物组合，绿泥石是热峰后退变质产物。

定名：十字石 - 石榴石 - 白云母片岩。

参考文献

陈能松．变质岩石学实习指导书．武汉：中国地质大学出版社，1990

陈能松，王人镜，单文琅等．密云杂岩西段等压冷却 $p-T-t$ 轨迹确定及地球动力学成因．地质科学，1994，29（4）：355～365

《沉积构造与环境解释》编著组．沉积构造与环境解释．北京：科学出版社，1984

贺同兴，卢良兆，李树勋，兰玉琦．变质岩岩石学．北京：地质出版社，1980

刘岫峰．沉积岩实验室研究方法．北京：地质出版社，1991

路凤香，桑隆康主编．岩石学（面向21世纪课程教材）．北京：地质出版社，2002

邱家骧主编．岩浆岩岩石学．北京：地质出版社，1985

桑隆康．宿松群变质作用过程和 $p-t$ 条件．矿物学岩石学论丛，1988，(4)：101～111

王德滋．光性矿物学．上海：上海人民出版社，1975

郐金华．沉积岩石学实习指导书．武汉：中国地质大学出版社，1991

郐金华．广西隆林常么乡下石炭岩关组鲕粒加积和粒度分布的环境意义．矿物岩石学论丛．1995，(10)：84～92

杨淑荣．岩浆岩石学实验指导书．武汉：中国地质大学出版社，1989

叶德隆，郐金华，陈能松．岩石典型结构分析．武汉：中国地质大学出版社，1996

游振东，王方正主编．变质岩岩石学教程．武汉：中国地质大学出版社，1991

游振东，韩郁菁，杨巍然等．东秦岭大别高压超高压变质带．武汉：中国地质大学出版社，1988

余素玉，何镜宇主编．沉积岩石学．武汉：中国地质大学出版社，1989

Bard, J. P. Microtextures of Igneous & Metamorphic Rocks. D. Reidel Publishing Dordrecgt, Holland, 1987

Blatt, H. and Trecy, R. J. Petrology (second Edition). New York: W H Freeman and Company, 1996

Compton, R. R. Manual of Field Geology. New York: John Wily & songs, Inc., 1962

Hibbard, M. J.. Petrography to Petrogenesis. Prentice Hall, Englewood Cliffs, New Jersey, U. S. A., 1995

Mason, R.. Petrology of Metamorphic Rocks. Geoge Allen & Univin Ltd, London: 1978, 1990

Mehnert, K. R.. Migmatites and the Origin of Granitic Rocks, New York: Elsevier Publishing Company, 1968

Murray, J. W.. A Guide to Classification in Geology. New York: John Wiley & Sons, 1981

Proctor, P. D.. Mineral – Rock Handbook. Englewood, Cliffs: Prentice Hall, 1991

Raymond, L. A.. Petrology: The study of Igneous, Sedimentary and Metamorphic Rocks. New York: Wm. C. Brown Communication Inc, 1995

Чернов, В. Ё. Петрографическое изучение магматических пород под микроскопом. Москва: Московский геологичвский институт, 1980